中国工程监理行业发展报告

（2024）

中国建设监理协会　组织编写

中国建筑工业出版社

图书在版编目（CIP）数据

中国工程监理行业发展报告 . 2024 / 中国建设监理
协会组织编写 . -- 北京：中国建筑工业出版社，2025.
1.（2025.6重印）-- ISBN 978-7-112-30768-5

Ⅰ . TU712.2

中国国家版本馆 CIP 数据核字第 2024W91K51 号

责任编辑：边　琨　张　磊
书籍设计：锋尚设计
责任校对：赵　菲

中国工程监理行业发展报告（2024）
中国建设监理协会　组织编写

*

中国建筑工业出版社出版、发行（北京海淀三里河路9号）
各地新华书店、建筑书店经销
北京锋尚制版有限公司制版
建工社（河北）印刷有限公司印刷

*

开本：787 毫米×1092 毫米　1/16　印张：9¼　字数：161 千字
2024 年 12 月第一版　　2025 年 6 月第三次印刷
定价：**68.00** 元
ISBN 978-7-112-30768-5
（44084）

编委会

主　任：王早生
副主任：李明安　刘伊生
成　员：李　伟　杨卫东　龚花强　孙成双

编写组

主　编：李明安　刘伊生
参　编：李　伟　徐逢治　梁化康　吴淑萍　沈文欣　郭文倩
　　　　孙　璐　魏园方　杨抒诣　敖永杰　沈云飞　杨　溢

主编单位：中国建设监理协会
参编单位：北京交通大学
　　　　　北京市建设监理协会
　　　　　上海市建设工程咨询行业协会

前　言

　　工程监理制度是我国工程建设管理的一项重要制度，自1988年开始试行、1996年开始全面推行以来，在我国已实施36年，在保证建设工程质量、强化安全生产管理、提高建设投资效益等方面发挥了不可替代的重要作用。

　　为全面反映工程监理行业发展现状，分析工程监理行业发展热点及问题，更好地引导工程监理行业持续健康发展，中国建设监理协会组织有关高校、行业协会研究编写了《中国工程监理行业发展报告（2024）》。

　　本报告共分4部分5章内容。第1部分（第1章）全国工程监理行业发展概况，基于统计数据，主要分析"十三五"以来全国工程监理企业及从业人员规模、承揽业务及经营收入，并附2023年经营总收入和工程监理业务收入前百名的企业名录；第2部分代表性地区工程监理行业发展概况，分两章（第2章和第3章）分别介绍京沪两地工程监理企业及从业人员规模、承揽业务及经营收入，以及行业发展特点及典型案例；第3部分（第4章）工程监理行业发展热点及问题，主要包括房地产市场发展、智能建造对工程监理的影响，工程监理数智化及ESG发展等方面的内容；第4部分（第5章）大事记、协会课题、标准及获奖项目参与监理企业，主要包括2023～2024年大事记、协会研究课题及团体标准、获奖项目参与企业。

中国建设监理协会

2024年12月

目 录

第 4 章　工程监理行业发展热点及问题

第 5 章　大事记、协会课题标准及获奖项目参与监理企业

第 1 章

全国工程监理行业
发展概况

　　2023年是全面贯彻党的二十大精神的开局之年，也是工程监理制度建立35周年。作为工程建设管理的基本制度之一，工程监理制度在保证建设工程质量、强化安全生产管理、提高建设投资效益等方面发挥了不可替代的重要作用。特别是"十三五"以来，工程监理企业数量及经营业务不断增长，经营业务多元化发展，工程监理队伍不断壮大。全国工程监理统计数据显示，2023年底，国内具有工程监理资质的企业有24444家，参与统计的工程监理企业有19717家。与"十三五"初期的2016年相比，2023年全国工程监理企业总数增长1.63倍，监理合同额累计增长44.57%，监理业务收入累计增长51.75%，工程监理从业人员数量翻了一番，注册监理工程师数量累计增长1.24倍，工程监理行业取得长足发展。

1.1 工程监理企业及从业人员规模

1.1.1 工程监理企业规模

　　2019年之前，全国工程监理企业数量增长较为平稳。但从2020年开始，工程监理企业数量快速增长，从2020年的9900家猛增至2023年的19717家，3年间工程监理企业数量几乎翻了一番。工程监理企业数量增长如此快速，与当时全国工程监理企业资质审批权限下放有着直接关系。2016～2023年全国工程监理企业数量及增幅如图1-1所示[1]。

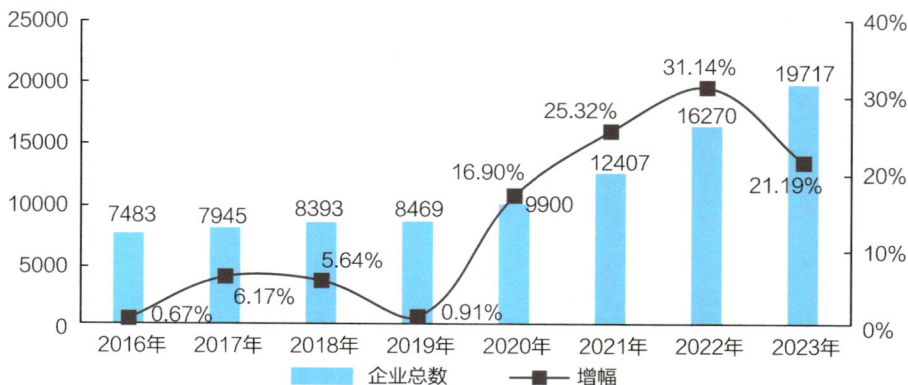

图1-1　2016～2023年全国工程监理企业数量及增幅

---

[1] 此数据仅为纳入住房城乡建设部工程监理统计的数据。

自2016年以来，全国工程监理企业发展呈现出以下特点。

1. 综合资质企业数量不断增加，事务所资质企业数量稀少

2023年全国工程监理综合资质企业有349家，与2016年的149家相比，7年间增长1.34倍。与此同时，全国工程监理事务所资质企业愈见稀少，2016年全国尚有5家，到2023年则仅存1家。2016~2023年全国工程监理综合资质企业数量及增幅如图1-2所示。

图1-2　2016~2023年全国工程监理综合资质企业数量及增幅

2. 甲乙级资质企业数量不断增长，丙级资质企业数量近两年有所减少

相比较而言，全国工程监理甲级资质企业数量增长较为平稳。2023年全国工程监理甲级资质企业有5833家，相较于2016年的3379家，累计增长72.63%。2016~2023年全国工程监理甲级资质企业数量及增幅如图1-3所示。

图1-3　2016~2023年全国工程监理甲级资质企业数量及增幅

近年来，全国工程监理乙级资质企业数量变化较大。2023年全国工程监理乙级资质企业有12623家，相较于2016年的2869家，累计增长3.4倍。2016～2023年全国工程监理乙级资质企业数量及增幅如图1-4所示。从图1-4可以看出，2016～2019年乙级资质企业数量增长较为平稳，但从2020年开始乙级资质企业数量有较大幅度增长。其中，2022年与2021年相比，乙级资质企业数量增长63.35%。2022～2023年两年时间内，全国工程监理乙级资质企业数量翻了一番。

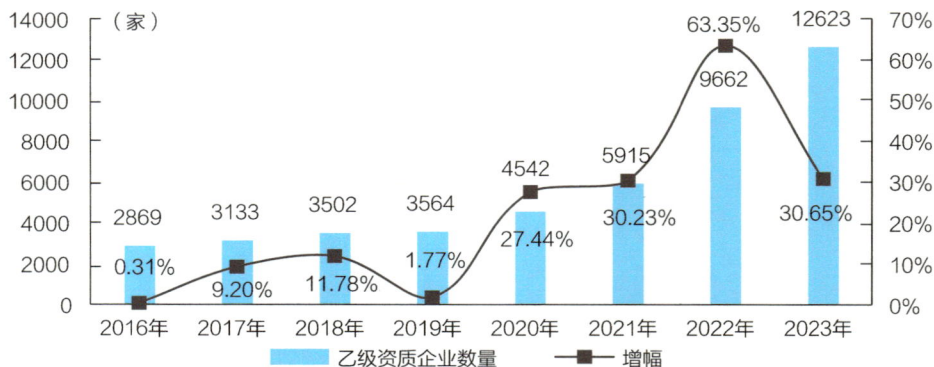

图1-4　2016～2023年全国工程监理乙级资质企业数量及增幅

前两年企业资质审批权限的下放，不仅使全国工程监理乙级资质企业数量大增，而且对全国工程监理丙级资质企业数量也有较大影响。2023年全国工程监理丙级资质企业有911家，相较于2016年的1081家，减少15.73%。但在2020年和2021年，全国工程监理丙级资质企业却有较大幅度增长。2016～2023年全国工程监理丙级资质企业数量及增幅如图1-5所示。

图1-5　2016～2023年全国工程监理丙级资质企业数量及增幅

3. 建筑工程监理企业数量仍居首位，市政工程监理企业数量增长最快

房屋建筑工程领域监理企业数量历年来最多，市政公用工程领域监理企业数量次之。2023年房屋建筑工程领域监理企业有14542家，相较于2016年的6109家，7年来增长1.38倍；2023年市政公用工程领域监理企业有3450家，相较于2016年的516家，增长5.69倍。特别是2020年以来，市政公用工程领域监理企业数量有较大幅度增长，从2019年的783家猛增至2023年的3450家，4年间增长3.41倍，是所有类别的企业中增长速度最快的。2016～2023年全国工程监理企业专业领域分布见表1-1。

2016～2023年全国工程监理企业专业领域分布（单位：家）　　　表1-1

年份	2016	2017	2018	2019	2020	2021	2022	2023
房屋建筑工程	6109	6394	6610	6572	7658	9571	12102	14542
市政公用工程	516	616	729	783	1008	1460	2659	3450
电力工程	293	341	376	390	415	483	573	666
化工石油工程	148	140	137	138	151	149	164	183
水利水电工程	78	89	111	105	122	151	129	125
公路工程	24	28	39	63	85	79	62	60
铁路工程	53	51	51	53	58	54	60	60
通信工程	18	29	47	49	50	60	68	92
矿山工程	31	33	39	43	37	45	69	84
冶炼工程	20	19	22	24	25	23	22	25
农林工程	20	17	16	17	18	16	17	9
机电安装工程	3	2	1	4	10	13	24	47
航天航空工程	7	7	8	8	8	10	12	10
港口与航道工程	9	9	6	8	7	9	15	14

房屋建筑工程领域监理企业虽占绝对多数，但整体占比已从2016年的83.35%降至2023年的75.09%，这说明房屋建筑工程监理企业的同质化竞争状况在一定程度上有所改善。与此同时，虽然房屋建筑工程领域监理企业整体占比在不断下降，但房屋建筑工程及市政公用工程两大领域监理企业的总体占比一直保持在90%左右。2016～2023年全国房屋建筑工程及市政公用工程监理企业数量占比如图1-6所示。

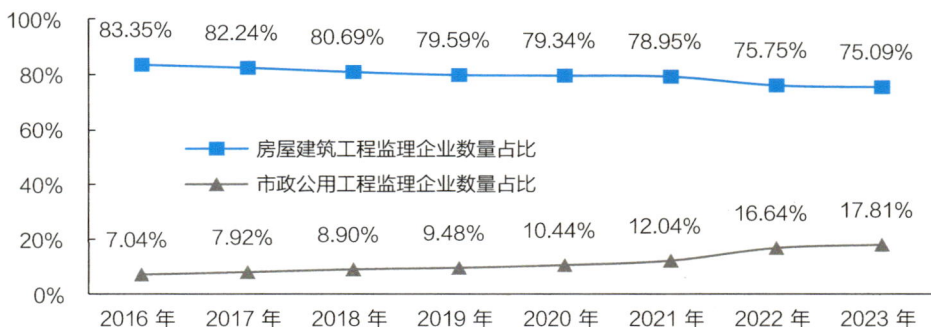

图1-6　2016~2023年全国房屋建筑工程及市政公用工程监理企业数量占比

4. 东部地区工程监理企业占比大，长三角地区工程监理企业数量增长明显

2023年，东部地区和中部地区工程监理企业数量在全国工程监理企业总数的占比分别为47.6%和22.7%，比2016年分别提高2个百分点和3.3个百分点；西部地区工程监理企业占全国工程监理企业总数的25.0%，比2016年下降0.6个百分点；而东北地区工程监理企业仅占全国工程监理企业总数的4.7%，且下降明显，比"十三五"初期的2016年下降4.7个百分点。其中，京津冀地区工程监理企业数量占比有所下降，长三角地区（包括上海、江苏、浙江、安徽等省市）工程监理企业占比有较大提升。2023年，京津冀地区工程监理企业数量占全国工程监理企业总数的6.3%，比2016年下降3.2个百分点；长三角地区工程监理企业数量占全国工程监理企业总数的27.6%，比2016年提高6.2个百分点。2023年长三角地区工程监理企业数量占比已分别超过中部地区和西部地区工程监理企业数量占比。2016~2023年全国各地区工程监理企业数量占比如图1-7所示。

从不同地区工程监理企业的数量分布看，长三角地区工程监理企业数量增长最快，东北地区的工程监理企业数量增长最为缓慢。与2016年相比，东部、中部和西部地区工程监理企业数量至2023年累计增长1.79倍、2倍和1.62倍。其中，京津冀和长三角地区工程监理企业数量至2023年累计增长77%和2.4倍，而东北地区在同一时期，工程监理企业数量仅增长28%。

各地区工程监理企业数量增长，在2019年及其之前较为平稳，同比增速均在8%以下。但在2020~2021年，由于工程监理企业资质审批权限下放，各地区工程监理企业数量快速增长，长三角地区和中部地区工程监理企业数量增幅均超过30个百分点。因工程监理企业资质审批权限收回，从2023年开始各地区工程监理企业数量增长才有所放缓。2016~2023年全国各地区工程监理企业数量同比增速如图1-8所示。

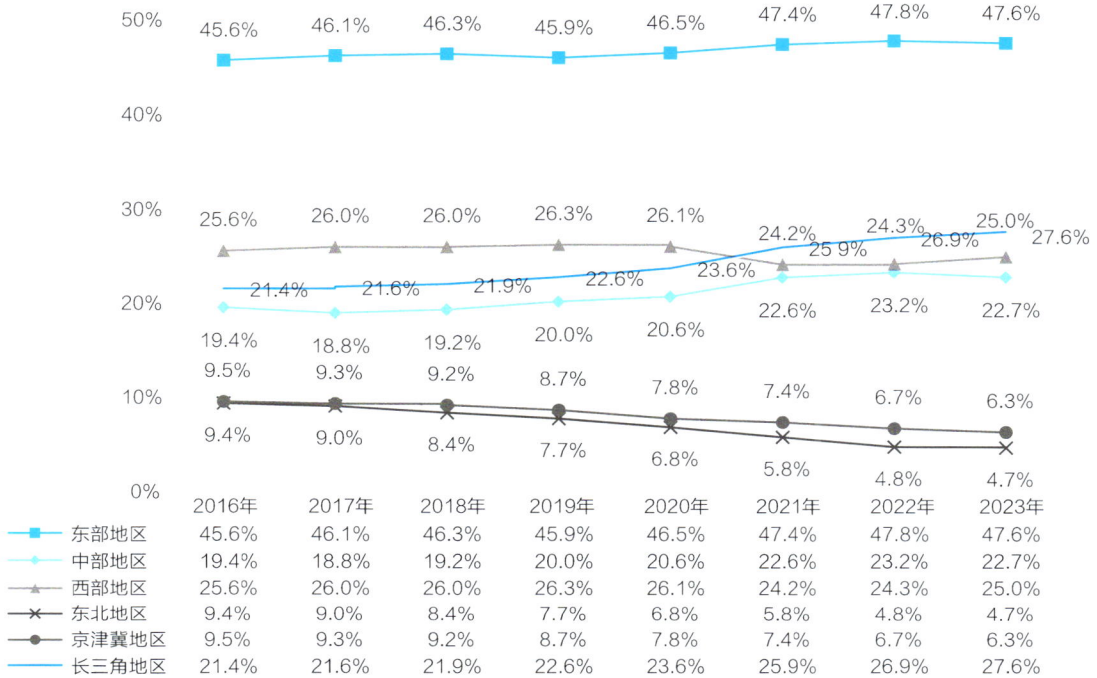

图1-7　2016~2023年全国各地区工程监理企业数量占比

	2016年	2017年	2018年	2019年	2020年	2021年	2022年	2023年
东部地区	45.6%	46.1%	46.3%	45.9%	46.5%	47.4%	47.8%	47.6%
中部地区	19.4%	18.8%	19.2%	20.0%	20.6%	22.6%	23.2%	22.7%
西部地区	25.6%	26.0%	26.0%	26.3%	26.1%	24.2%	24.3%	25.0%
东北地区	9.4%	9.0%	8.4%	7.7%	6.8%	5.8%	4.8%	4.7%
京津冀地区	9.5%	9.3%	9.2%	8.7%	7.8%	7.4%	6.7%	6.3%
长三角地区	21.4%	21.6%	21.9%	22.6%	23.6%	25.9%	26.9%	27.6%

图1-8　2016~2023年全国各地区工程监理企业数量同比增速

	2016年	2017年	2018年	2019年	2020年	2021年	2022年	2023年
东部地区	1.5%	7.3%	6.1%	0.1%	18.3%	27.8%	32.2%	20.7%
中部地区	-0.3%	3.0%	7.7%	5.5%	20.1%	37.8%	34.3%	18.6%
西部地区	1.6%	7.9%	5.8%	1.8%	16.1%	16.1%	31.6%	25.1%
东北地区	-2.8%	2.7%	-2.4%	-6.6%	3.2%	6.2%	7.8%	19.2%
京津冀地区	0.8%	3.8%	4.1%	-4.8%	4.8%	19.1%	19.7%	14.3%
长三角地区	0.3%	7.1%	7.1%	4.4%	21.9%	37.3%	36.3%	24.2%

2023年，全国工程监理企业数量排名前五的省份依次为浙江（1901家）、福建（1777家）、安徽（1685家）、江苏（1568家）和广东（1355家）；西部地区多数省份工程监理企业数量最少，如西藏（92家）、内蒙古（154家）、宁夏（165家）、新疆（168家）、甘肃（195家）等。此外，海南和天津两地工程监理企业数量也较少，分别只有154家和160家。2023年全国各省、自治区、直辖市工程监理企业数量分布如图1-9所示。

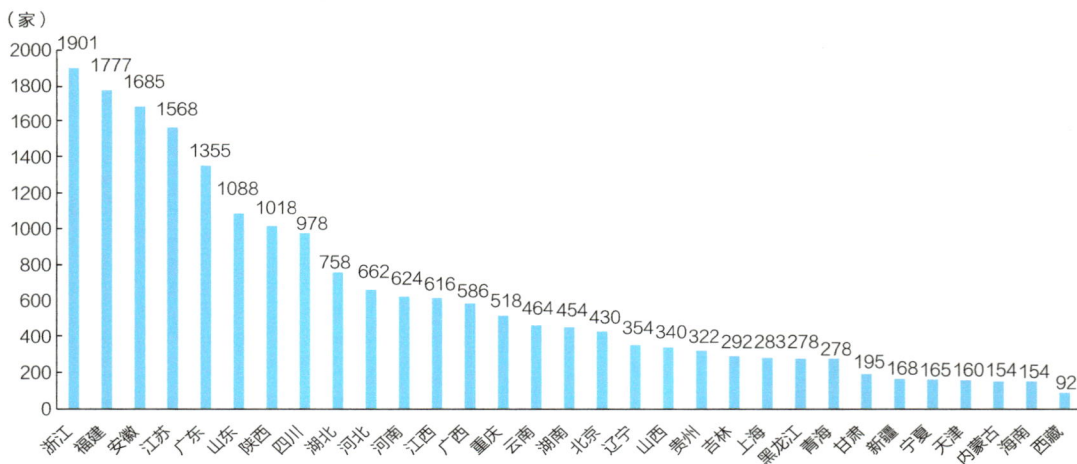

图1-9　2023年全国各省、自治区、直辖市工程监理企业数量分布

5. 全国工程监理综合资质企业东部地区数量最多，中部地区增长速度最快

2023年，东部地区工程监理综合资质企业数量占全国工程监理综合资质企业总数的45.6%，数量占比位列各地区首位，但相较于2016年下滑7.4个百分点；西部地区工程监理综合资质企业数量占比较为稳定，自2016年以来始终保持在26%左右；中部地区工程监理综合资质企业数量占比有较大提升，2023年占比为25.2%，相较于2016年提高7.8个百分点；东北地区工程监理综合资质企业数量占比在不断降低，2023年占比仅为3.2%。2016～2023年各地区工程监理综合资质企业数量占比如图1-10所示。

2023年京津冀地区工程监理综合资质企业数量占全国工程监理综合资质企业总数的11.7%，相较于2016年下降3.1个百分点；长三角地区工程监理综合资质企业数量占全国工程监理综合资质企业总数的23.2%，2023年占比略有提升，相较于2016年占比提升3.1个百分点。2016～2023年京津冀和长三角地区工程监理综合资质企业数量占比如图1-11所示。

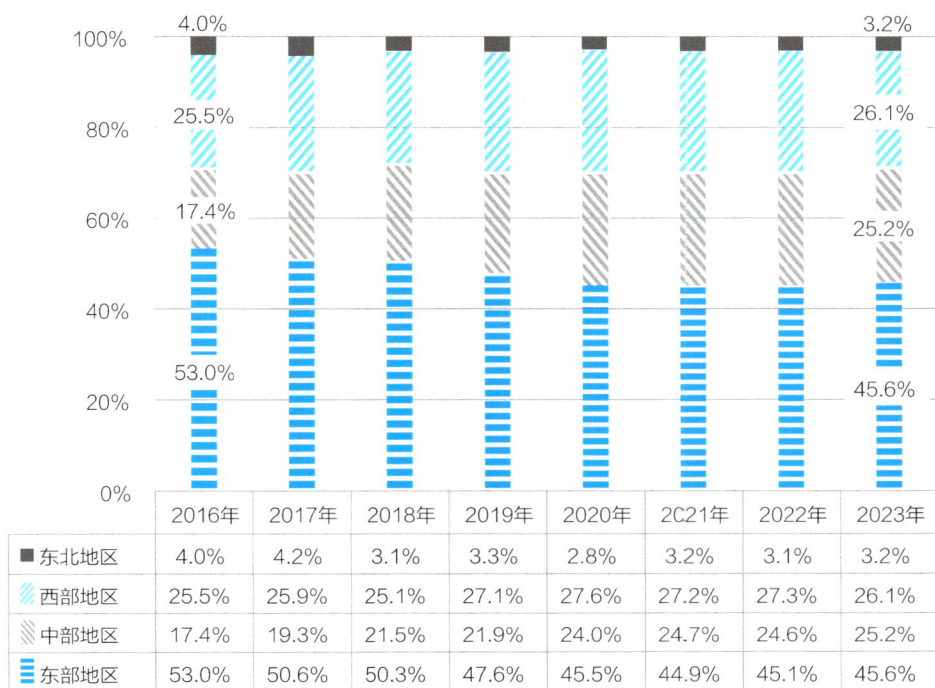

	2016年	2017年	2018年	2019年	2020年	2C21年	2022年	2023年
■ 东北地区	4.0%	4.2%	3.1%	3.3%	2.8%	3.2%	3.1%	3.2%
▨ 西部地区	25.5%	25.9%	25.1%	27.1%	27.6%	27.2%	27.3%	26.1%
▨ 中部地区	17.4%	19.3%	21.5%	21.9%	24.0%	24.7%	24.6%	25.2%
▤ 东部地区	53.0%	50.6%	50.3%	47.6%	45.5%	44.9%	45.1%	45.6%

图1-10　2016～2023年各地区工程监理综合资质企业数量占比

图1-11　2016～2023年京津冀和长三角地区工程监理综合资质企业数量占比

2023年工程监理综合资质企业数量最多的省份依次是四川（53家）、河南（44家）、浙江（35家）和山东（27家），这些省份均是我国的建筑业大省。其中，2023年浙江省工程监理综合资质企业由27家增至35家，同比增幅近30%。在工程监理综合资质企业数量排名前十的省份中，湖北、江苏两省2023年工程监理综合资质企业数量同比增幅超过50%，而青海、宁夏、西藏等西部省份及海南省均无工程监理综合资质企业，甘肃、吉林两省原有的综合资质企业数量在2023年也降为零。2022～2023年全国各地工程监理综合资质企业数量及2023年同比增幅如图1-12所示。

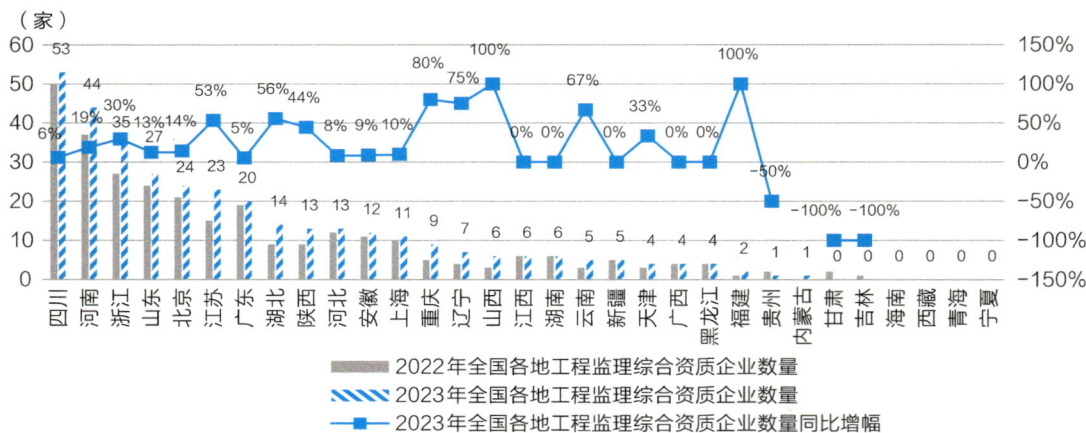

图1-12　2022～2023年全国各地工程监理综合资质企业数量及2023年同比增幅

1.1.2　工程监理从业人员规模

全国工程监理从业人员数量持续增长。2023年，全国工程监理从业人员有210.80万人，相较于2016年的100.05万人，7年间翻了一番。特别是2021年以来，全国工程监理从业人员数量增幅较大，年均增幅达14.87%。2016～2023年全国工程监理从业人员数量及增幅如图1-13所示。

图1-13　2016～2023年全国工程监理从业人员数量及增幅

自2016年以来，工程监理从业人员变化呈现出以下特点。

1. 工程监理企业正式聘用人员总数增长，但在从业人员中的占比下降

截至2023年底，全国工程监理企业正式聘用人员124.82万人，与2016年的71.59万人相比，累计增长74.35%。2016～2023年全国工程监理企业正式聘用人员数量及增幅如图1–14所示。

图1–14　2016～2023年全国工程监理企业正式聘用人员数量及增幅

但同时应看到，工程监理企业正式聘用人数占从业人员总数的比例在逐年下降，已从2016年的71.56%降至2023年的59.21%。2016～2023年全国工程监理企业正式聘用人数占从业人员总数的比例如图1–15所示。

图1–15　2016～2023年全国工程监理企业正式聘用人数占从业人员总数比例

2. 工程监理企业 30 岁以下从业人数增速放缓，且在从业人员中的占比下降

2023年，工程监理企业30岁以下从业人员有40.87万人，与2016年的27.15万人相比，累计增长50.53%。但在2022年和2023年，工程监理企业30岁以下从业人员增幅分别只有2.53%和1.35%，增速明显放缓。2016～2023年全国工程监理企业30岁以下从业人员数量及增幅如图1-16所示。

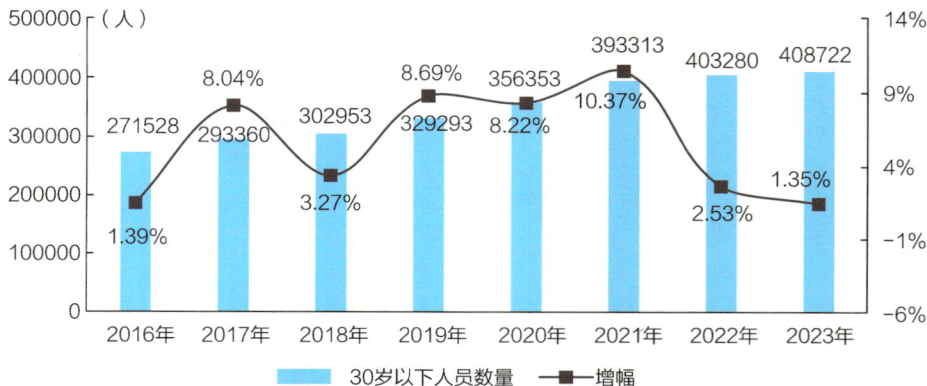

图1-16　2016～2023年全国工程监理企业30岁以下从业人员数量及增幅

与此同时，工程监理企业30岁以下从业人数占从业人员总数的比例从2016年的27.14%降至2023年的19.39%，7年间下降7.75个百分点，反映出行业对青年从业人员的吸引力在下降。2016～2023年全国工程监理企业30岁以下从业人数占从业人员总数的比例如图1-17所示。

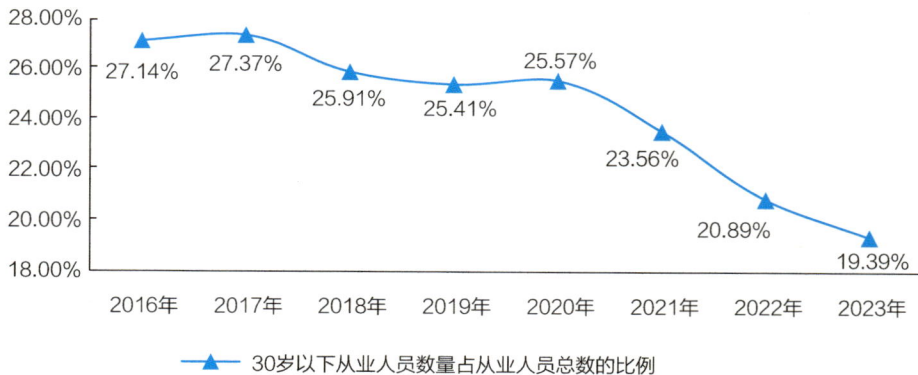

图1-17　2016～2023年全国工程监理企业30岁以下从业人数占从业人员总数的比例

3. 工程监理人员数量开始出现负增长，在从业人员中的占比下降明显

工程监理企业监理人员数量从2016年的71.67万人增至2021年的86.31万人，累计增长20.43%；但工程监理人员数量在2023年首次开始出现负增长，同比下降0.14%。2016～2023年全国工程监理企业监理人员数量及增幅如图1-18所示。

图1-18　2016～2023年全国工程监理企业监理人员数量及增幅

工程监理企业监理人员数量占从业人员总数的比例从2016年的71.63%降至2023年的40.94%，7年间减少30.69个百分点，降幅明显。这也从一个侧面反映出工程监理企业正在不断拓展非监理业务。2016～2023年全国工程监理企业监理人员数量占从业人员总数的比例如图1-19所示。

图1-19　2016～2023年全国工程监理企业监理人员数量占从业人员总数的比例

4. 工程监理企业专业技术人员总数稳步增长，但在从业人员中的占比减少

工程监理企业专业技术人员数量从2016年的84.94万人增至2023年的123.68万人，累计增长45.61%。2016～2023年全国工程监理企业专业技术人员数量及增幅如图1-20所示。

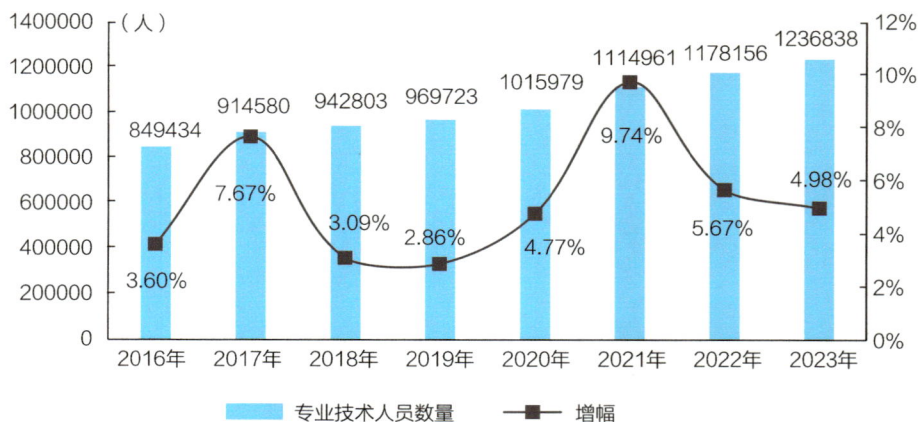

图1-20 2016～2023年全国工程监理企业专业技术人员数量及增幅

与此同时，工程监理企业专业技术人员数量占从业人员总数的比例却从2016年的84.90%降至2023年的58.67%，7年间下降26.23个百分点。工程监理企业专业技术人员占比下降在很大程度上意味着工程监理业务的技术含量在降低，工程技术支撑面临更大挑战。2016～2023年全国工程监理企业专业技术人员数量占从业人员总数的比例如图1-21所示。

图1-21 2016～2023年全国工程监理企业专业技术人员数量占从业人员总数的比例

2016年以来，工程监理企业专业技术人员中高级职称人员所占比例变化不大，2023年占比达到19.30%，同比增长1.53个百分点。2016～2023年全国工程监理企业专业技术人员分布情况见表1-2。

2016～2023年全国工程监理企业专业技术人员分布情况 表1-2

年份	专业技术人员数量	高级职称人数	中级职称人数	初级职称人数	其他人员数量	高级职称人数占专业技术人员比例
2016	849434	129695	371948	214107	138890	15.27%
2017	914580	138388	397839	223258	155095	15.13%
2018	942803	143263	404455	223297	171788	15.20%
2019	969723	153065	414660	227326	174672	15.78%
2020	1015979	164237	428100	227589	196053	16.17%
2021	1114961	188262	463170	246674	216855	16.89%
2022	1178156	209380	488155	260209	220412	17.77%
2023	1236838	238660	507930	262518	227730	19.30%

5. 工程监理企业注册执业人员不断增多，注册监理工程师占比稳步提升

全国工程监理企业注册执业人员数量已从2016年的25.37万人增至2023年的71.38万人，累计增长1.81倍。特别是在2021～2023年工程监理企业注册执业人数增幅较大，分别为27.23%、17.63%和18.97%。2016～2023年全国工程监理企业注册执业人员数量及增幅如图1-22所示。

图1-22 2016～2023年全国工程监理企业注册执业人员数量及增幅

与此同时，全国工程监理企业注册监理工程师数量也从2016年的15.13万人增至2023年的33.90万人，累计增长1.24倍。同样是在2021～2023年工程监理企业注册监理工程师人数增幅较大，分别为26.97%、12.70%和17.75%。2016～2023年全国工程监理企业注册监理工程师数量及增幅如图1-23所示。

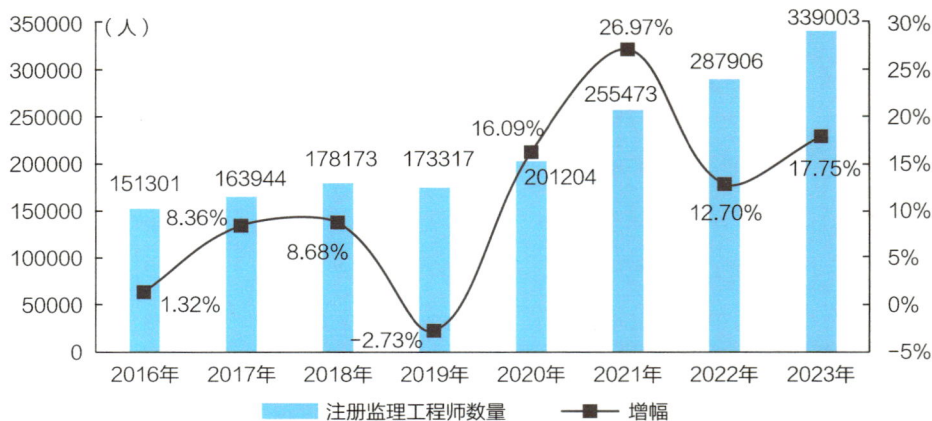

图1-23　2016～2023年全国工程监理企业注册监理工程师数量及增幅

工程监理企业注册监理工程师占监理人员的比例从2016年的21.11%增至2023年的39.28%，已接近监理人员总数的四成。但是，注册监理工程师占工程监理企业注册执业人员的比例却从2016年的59.64%降至2023年的47.50%，这也从另一侧面反映出工程监理企业的监理业务占比在下降。2016～2023年注册监理工程师占监理人员及注册执业人员的比例如图1-24所示。

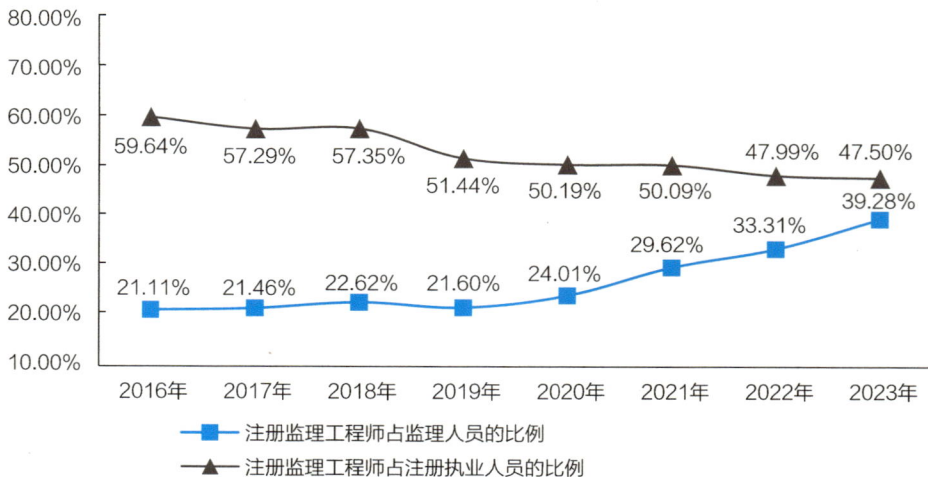

图1-24　2016～2023年注册监理工程师占监理人员及注册执业人员的比例

6．工程监理人数在东部地区最多且增速快，但有 16 个省市出现负增长

除东北地区外，2016～2023年全国其他地区工程监理人数均保持增长态势。2023年东部地区有工程监理人员46.83万人，相较于2016年累计增长33.7%，工程监理人数超过中部、西部和东北地区，且增速最快。其中，2023年长三角地区工程监理人员有22.03万人，相较于2016年累计增长37.4%，增长速度非常明显。相比之下，2016～2023年京津冀地区工程监理人数增幅变化不大，每年增幅均未超过10%。东北地区不仅工程监理人数最少，2023年仅有3.57万人，而且相较于2016年累计减少32.4%。2016～2023年全国各地区工程监理人数如图1-25所示。2016～2023年全国各地区工程监理人数累计增长率如图1-26所示。

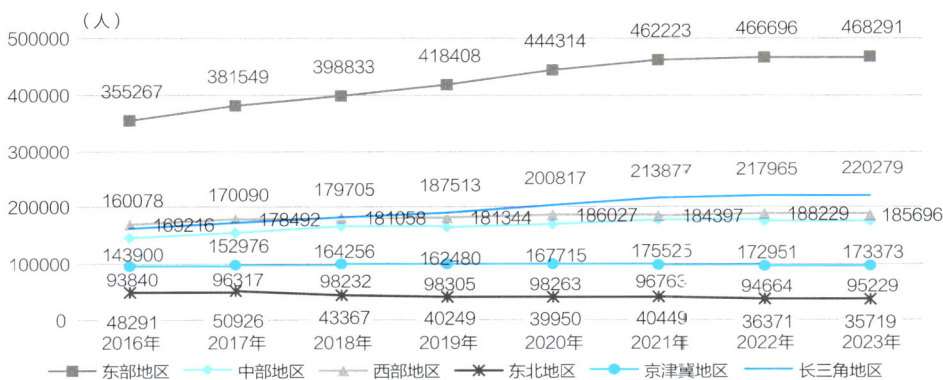

图1-25 2016～2023年全国各地区工程监理人数

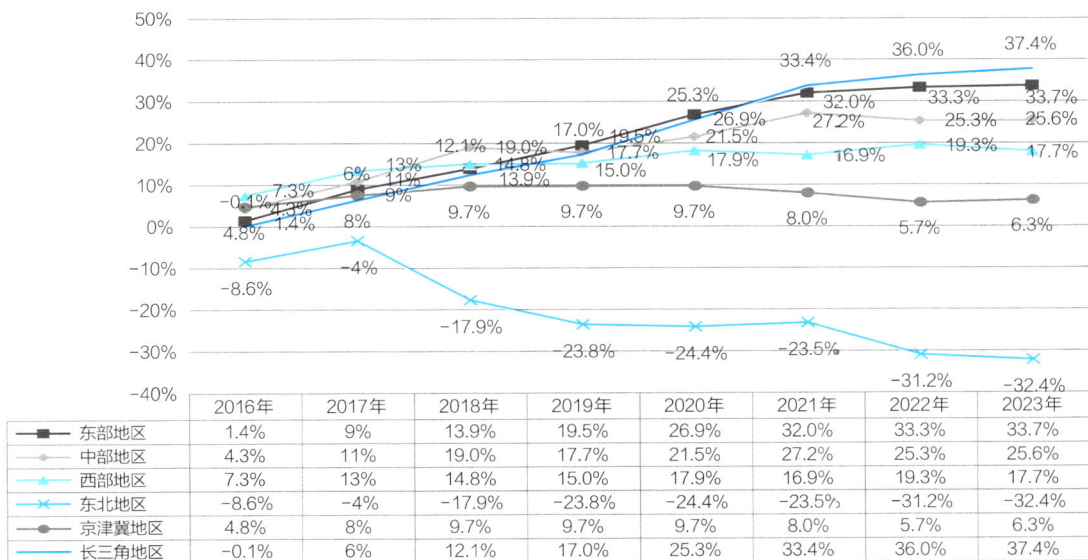

	2016年	2017年	2018年	2019年	2020年	2021年	2022年	2023年
东部地区	1.4%	9%	13.9%	19.5%	26.9%	32.0%	33.3%	33.7%
中部地区	4.3%	11%	19.0%	17.7%	21.5%	27.2%	25.3%	25.6%
西部地区	7.3%	13%	14.8%	15.0%	17.9%	16.9%	19.3%	17.7%
东北地区	-8.6%	-4%	-17.9%	-23.8%	-24.4%	-23.5%	-31.2%	-32.4%
京津冀地区	4.8%	8%	9.7%	9.7%	9.7%	8.0%	5.7%	6.3%
长三角地区	-0.1%	6%	12.1%	17.0%	25.3%	33.4%	36.0%	37.4%

图1-26 2016～2023年全国各地区工程监理人数累计增长率

　　2023年全国工程监理人数最多的三个省份是广东、江苏和浙江，分别有82485人、74334人和69122人，占全国工程监理总人数的比例分别为9.56%、8.61%和8.01%。此外，工程监理人数超过5万人的省（市）还有四川（55148人）、北京（54419人）和山东（53911人）。2023年工程监理人员增幅最大的省、自治区是青海、内蒙古和黑龙江，同比增长率分别为11.92%、10.91%和9.25%。2023年全国还有16个省市工程监理人数出现负增长，降幅最大的省、自治区依次为甘肃（59.72%）、吉林（14.95%）和西藏（8.11%）。2023年全国各地工程监理人数分布及增速如图1-27所示。

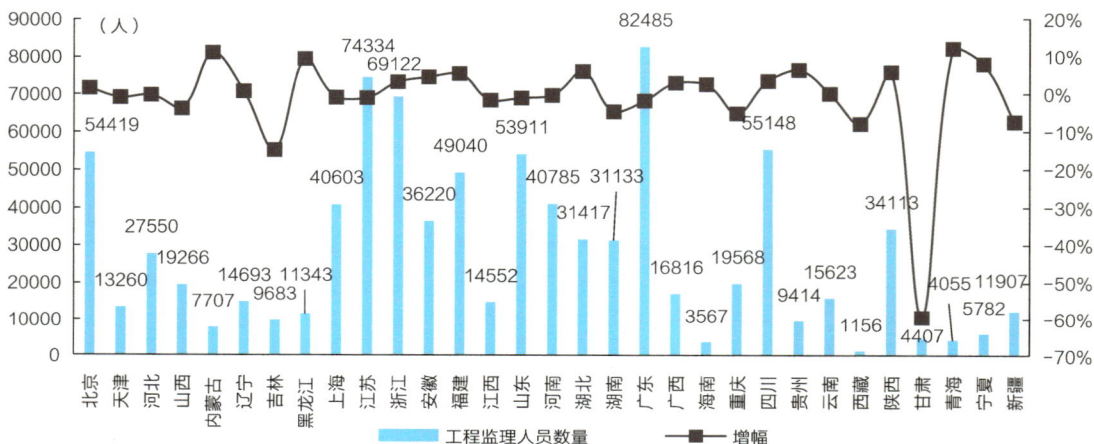

图1-27　2023年全国各地工程监理人数分布及增速

7. 长三角地区 30 岁以下工程监理从业人数涨幅最大，东北地区连年下降

　　2023年东部地区工程监理企业30岁以下从业人数最多，达到24.44万人，其中，长三角地区达到12.40万人。与2016年相比，长三角乃至东部地区工程监理企业30岁以下从业人数涨幅最大，累计增长分别为1.12倍和86.69%。2016年以来，全国大部分地区30岁以下工程监理从业人数均在增长，唯有东北地区有所下降。2023年东北地区工程监理企业30岁以下从业人数为8069万人，比2016年下降30.43%，7年来几乎减少三分之一。值得注意的是，西部地区工程监理企业30岁以下从业人数自2020年以来也在不断减少。这些数据也从一个侧面反映出东北地区和西部地区经济发展状况，以及工程监理行业对青年从业人员的吸引力。2016～2023年全国各地区工程监理企业30岁以下从业人数如图1-28所示。

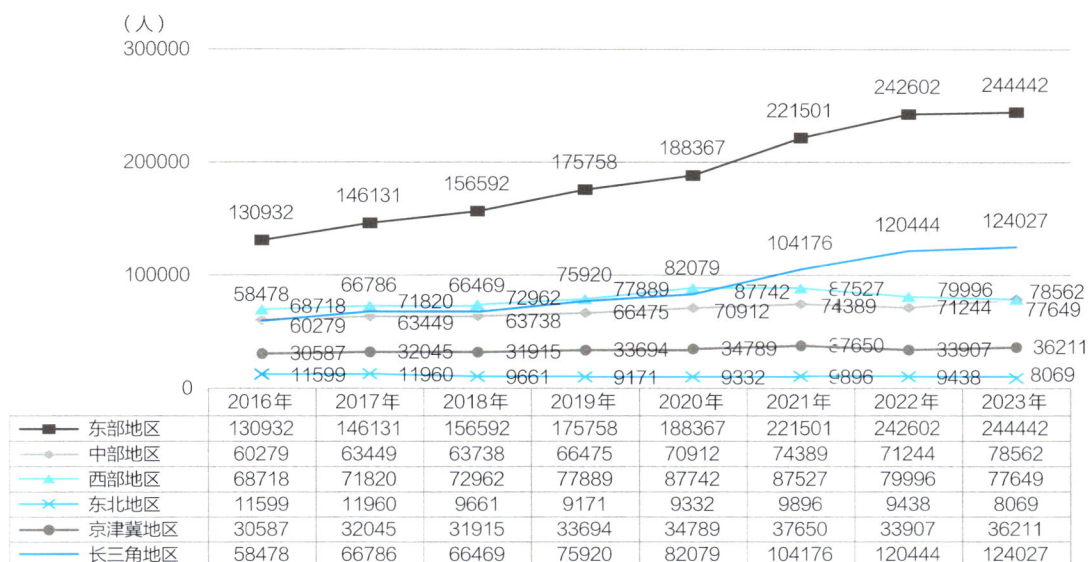

	2016年	2017年	2018年	2019年	2020年	2021年	2022年	2023年
东部地区	130932	146131	156592	175758	188367	221501	242602	244442
中部地区	60279	63449	63738	66475	70912	74389	71244	78562
西部地区	68718	71820	72962	77889	87742	87527	79996	77649
东北地区	11599	11960	9661	9171	9332	9896	9438	8069
京津冀地区	30587	32045	31915	33694	34789	37650	33907	36211
长三角地区	58478	66786	66469	75920	82079	104176	120444	124027

图1-28　2016～2023年全国各地区工程监理企业30岁以下从业人数

2023年工程监理企业30岁以下从业人数占从业人员总数的比例依然是东部地区最大，占到11.6%，但相较于2016年降低1.5个百分点。除东部地区外，近年来全国其他地区工程监理企业30岁以下从业人数占从业人员总数的比例均有下降。其中，下降最明显的是西部地区，相较于2016年下降3.2个百分点。2016～2023年全国各地区工程监理企业30岁以下从业人数占从业人员总数的比例如图1-29所示。

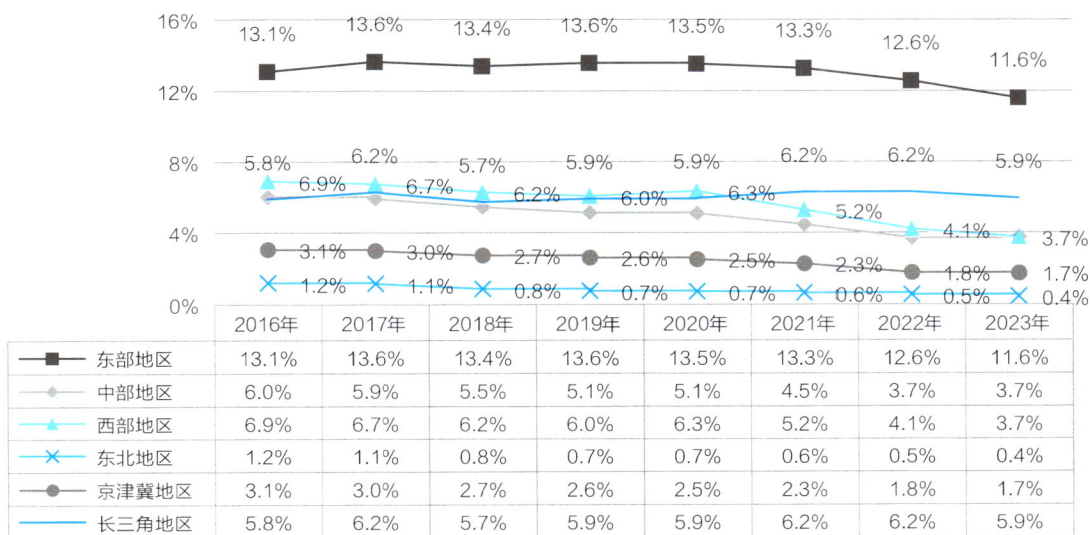

	2016年	2017年	2018年	2019年	2020年	2021年	2022年	2023年
东部地区	13.1%	13.6%	13.4%	13.6%	13.5%	13.3%	12.6%	11.6%
中部地区	6.0%	5.9%	5.5%	5.1%	5.1%	4.5%	3.7%	3.7%
西部地区	6.9%	6.7%	6.2%	6.0%	6.3%	5.2%	4.1%	3.7%
东北地区	1.2%	1.1%	0.8%	0.7%	0.7%	0.6%	0.5%	0.4%
京津冀地区	3.1%	3.0%	2.7%	2.6%	2.5%	2.3%	1.8%	1.7%
长三角地区	5.8%	6.2%	5.7%	5.9%	5.9%	6.2%	6.2%	5.9%

图1-29　2016～2023年全国各地区工程监理企业30岁以下从业人数占从业人员总数的比例

8. 东部地区注册监理工程师人数最多，东北地区数量少且增长缓慢

2016年以来，全国各地区注册监理工程师人数均保持增长态势。2023年东部地区注册监理工程师最多，达18.47万人，相较于2016年累计增长1.36倍。其次，长三角地区注册监理工程师有9.34万人，相较于2016年累计增长1.48倍。西部地区注册监理工程师有7.59人，相较于2016年累计增长1.36倍。东北地区注册监理工程师数量最少，2023年仅有1.35万人，2016年以来仅增加2254人，累计增长19.96%。2023年东部地区注册监理工程师人数是东北地区的13.64倍，在一定程度上反映出各地区工程监理行业发展的不均衡状态。2023年全国各地区注册监理工程师人数如图1-30所示。

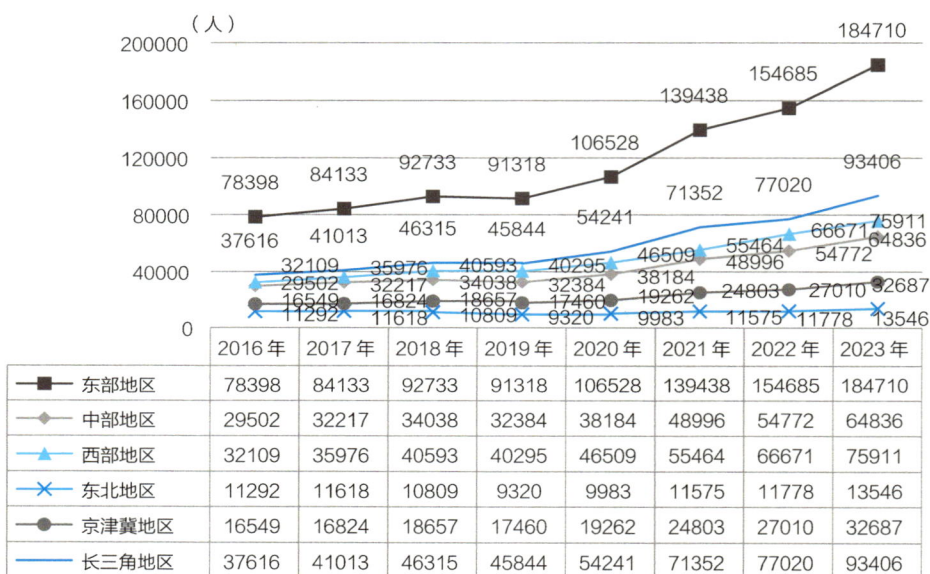

	2016年	2017年	2018年	2019年	2020年	2021年	2022年	2023年
东部地区	78398	84133	92733	91318	106528	139438	154685	184710
中部地区	29502	32217	34038	32384	38184	48996	54772	64836
西部地区	32109	35976	40593	40295	46509	55464	66671	75911
东北地区	11292	11618	10809	9320	9983	11575	11778	13546
京津冀地区	16549	16824	18657	17460	19262	24803	27010	32687
长三角地区	37616	41013	46315	45844	54241	71352	77020	93406

图1-30　2023年全国各地区注册监理工程师人数

2023年全国注册监理工程师数量最多的省份是江苏省、浙江省和广东省，分别有35096人、31214人和28177人，占全国注册监理工程师总数的比例分别为10.35%、9.21%和8.31%。注册监理工程师较多的省份还有四川省（25483人）和山东省（25466人）。2023年全国注册监理工程师数量增幅最大的省、自治区依次为黑龙江省、安徽省、内蒙古自治区、湖北省和山东省，这些省份的同比增长率分别为32.44%、28.59%、27.52%、26.17%和24.54%。2023年全国各地注册监理工程师数量及增幅如图1-31所示。

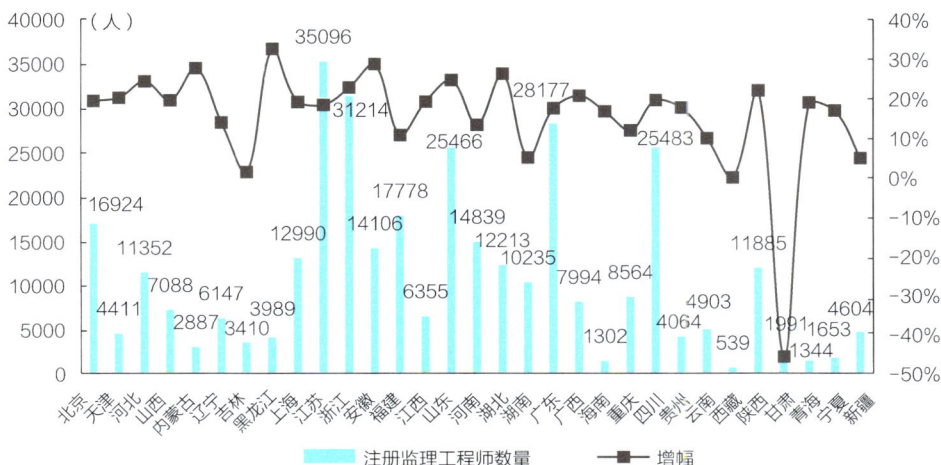

图1-31 2023年全国各地注册监理工程师数量及增幅

1.2 工程监理企业承揽业务及经营收入

1.2.1 承揽业务合同额

2016年以来，全国工程监理企业承揽业务合同额快速增长，从2016年的3084.83亿元增至2023年的24401.47亿元，累计增长6.91倍。近3年工程监理企业承揽业务合同额增幅均超过25%。其中，工程监理业务合同额从2016年的1400.22亿元增至2023年的2024.24亿元，累计增长44.57%。2016~2023年全国工程监理企业承揽业务合同额及增幅如图1-32所示。

图1-32 2016~2023年全国工程监理企业承揽业务合同额及增幅

进一步分析工程监理企业承揽的监理业务合同额，呈现出以下特点。

1. 工程监理合同额出现负增长，在承揽业务合同额中的占比下滑明显

2023年全国工程监理企业监理合同额虽比2016年累计增长44.57%，但自2021年起监理合同额连续三年负增长，增速分别为-2.87%，-2.24%和-1.58%。工程监理合同额连年下降，与近几年全国工程监理企业数量快速增长形成极大反差。2016～2023年全国工程监理企业监理合同额及增幅如图1-33所示。

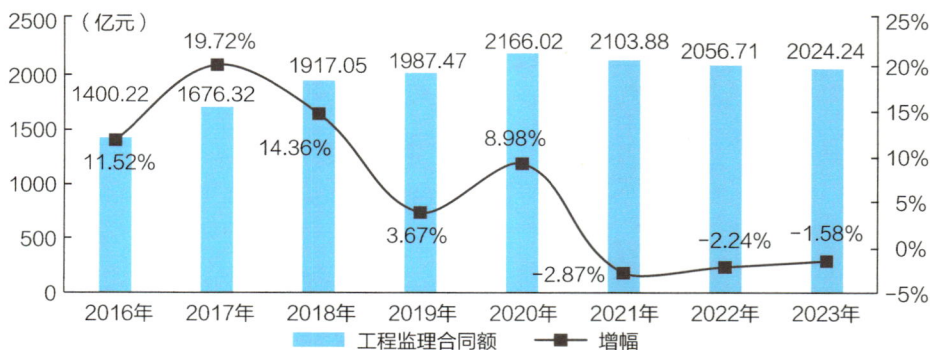

图1-33　2016～2023年全国工程监理企业监理合同额及增幅

工程监理合同额占工程监理企业承揽业务合同总额的比例已从2016年的45.39%降至2023年的8.30%，工程监理企业承揽的工程监理业务已不足承揽业务总合同额的1/10。这从一方面说明工程咨询行业在融合发展，工程监理企业经营业务在不断多元化；另一方面也说明越来越多具有工程监理资质的企业主营业务已不再是工程监理。2016～2023年工程监理合同额占工程监理企业承揽业务合同总额的比例如图1-34所示。

图1-34　2016～2023年工程监理合同额占工程监理企业承揽业务合同总额的比例

2. 东部地区工程监理合同额占半壁江山，东北地区工程监理市场逐渐萎缩

除东北地区外，2016～2023年全国各地区工程监理合同额均有一定幅度的增长。东部地区工程监理合同额从2016年的784.13亿元增至2023年的1107.89亿元，始终保持在全国工程监理合同总额的55%左右。2016年以来，中、西部及长三角地区工程监理合同额增长较快，2023年工程监理合同额分别为395.20亿元、456.91亿元和521.78亿元，相较于2016年累计增长分别为55.58%、53.93%和52.28%；因东部地区体量大，增长率略低，但相较于2016年仍增长41.29%。比较而言，京津冀地区工程监理合同额增长不显著，2023年工程监理合同额为239.01亿元，相较于2016年累计增长17.59%。东北地区2023年工程监理合同额为64.23亿元，相较于2016年累计下降1.53%，占全国工程监理合同总额的比例也从2016年的4.66%下降至3.17%。2016～2023年全国各地区工程监理合同额如图1-35所示。

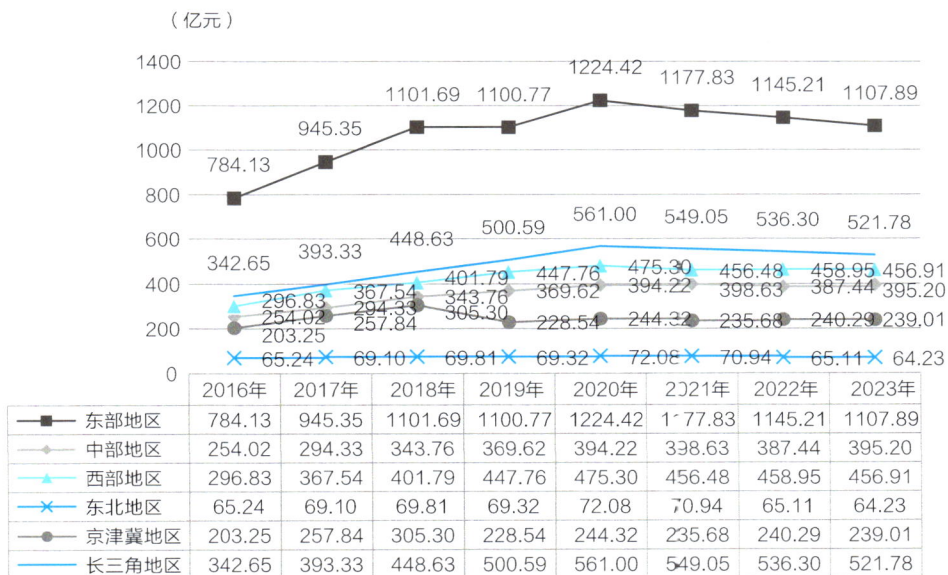

（亿元）

	2016年	2017年	2018年	2019年	2020年	2021年	2022年	2023年
东部地区	784.13	945.35	1101.69	1100.77	1224.42	1177.83	1145.21	1107.89
中部地区	254.02	294.33	343.76	369.62	394.22	398.63	387.44	395.20
西部地区	296.83	367.54	401.79	447.76	475.30	456.48	458.95	456.91
东北地区	65.24	69.10	69.81	69.32	72.08	70.94	65.11	64.23
京津冀地区	203.25	257.84	305.30	228.54	244.32	235.68	240.29	239.01
长三角地区	342.65	393.33	448.63	500.59	561.00	549.05	536.30	521.78

图1-35　2016～2023年全国各地区工程监理合同额

2016～2023年全国各地区工程监理合同额同比增速均呈现放缓下行趋势，京津冀地区同比增速波动较大，2019年同比增速下降至-25.1%。2021～2023年，包括京津冀和长三角地区的大部分地区工程监理合同额年均增速均出现负值，反映出全国各地区工程监理业务增长均承受着不同程度的压力。2016～2023年全国各地区工程监理合同额同比增速如图1-36所示。

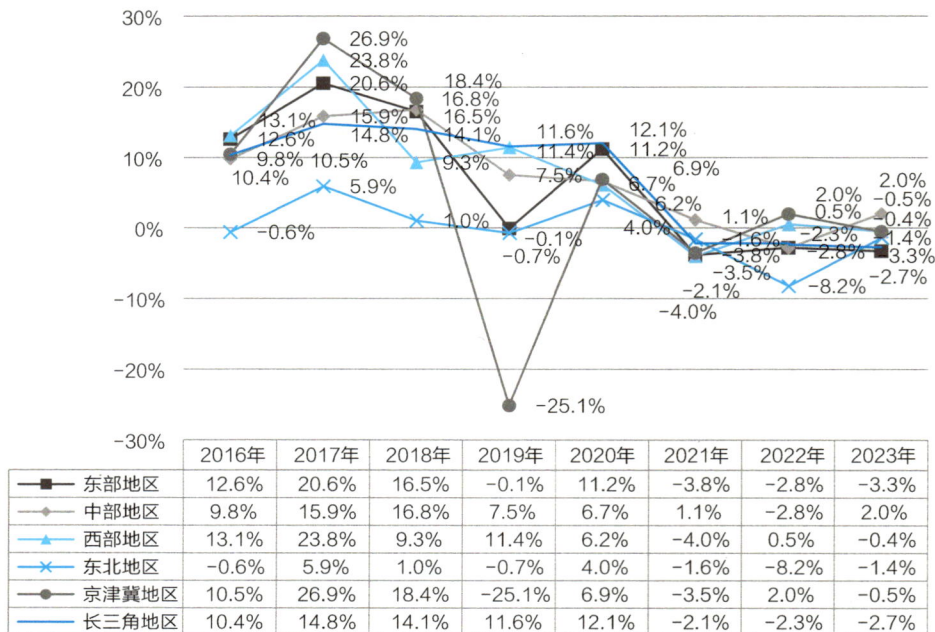

图1-36　2016~2023年按地区划分工程监理合同额同比增速

	2016年	2017年	2018年	2019年	2020年	2021年	2022年	2023年
东部地区	12.6%	20.6%	16.5%	-0.1%	11.2%	-3.8%	-2.8%	-3.3%
中部地区	9.8%	15.9%	16.8%	7.5%	6.7%	1.1%	-2.8%	2.0%
西部地区	13.1%	23.8%	9.3%	11.4%	6.2%	-4.0%	0.5%	-0.4%
东北地区	-0.6%	5.9%	1.0%	-0.7%	4.0%	-1.6%	-8.2%	-1.4%
京津冀地区	10.5%	26.9%	18.4%	-25.1%	6.9%	-3.5%	2.0%	-0.5%
长三角地区	10.4%	14.8%	14.1%	11.6%	12.1%	-2.1%	-2.3%	-2.7%

2023年全国工程监理合同额最高的省（市）是广东、浙江和北京，分别为233.30亿元、165.32亿元和163.72亿元，占全国工程监理合同总额的比例分别为11.53%、8.17%和8.09%。此外，工程监理合同额较高的省份还有江苏（159.09亿元）和四川（156.06亿元）。2023年全国各地工程监理合同额及增幅如图1-37所示。

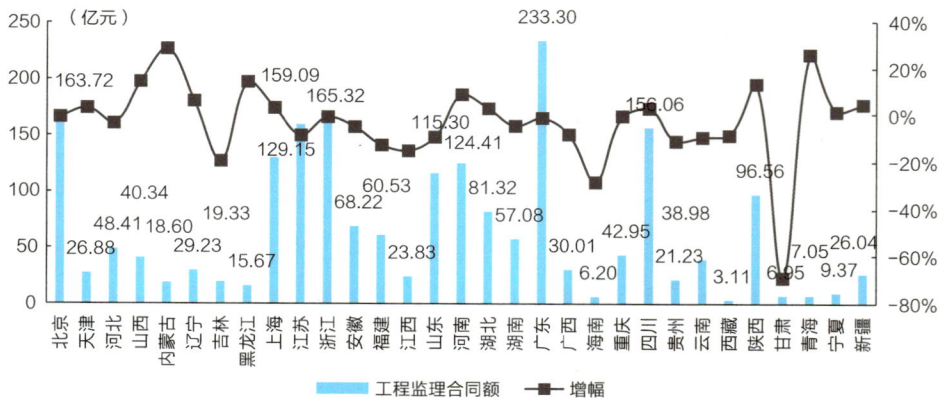

图1-37　2023年全国各地工程监理合同额及增幅

1.2.2　工程监理经营收入

2016年以来全国工程监理企业经营收入快速增长，已从2016年的2695.59亿元增至2023年的15828.02亿元，累计增长4.87倍。特别是在2021~2023年，工程监理企业经营收入增幅每年均超过20%。其中，工程监理企业监理业务收入从2016年的1104.72亿元增至2023年的1676.40亿元，累计增长51.75%。2016~2023年全国工程监理企业经营收入及增幅如图1-38所示。

图1-38　2016~2023年全国工程监理企业经营收入及增幅

进一步分析，工程监理企业监理业务经营收入呈现出以下特点。

1. 工程监理业务收入开始出现负增长，在经营收入中的占比逐年下降

与2016年相比，2023年全国工程监理企业监理业务收入累计增长51.75%，但在2022~2023年，监理业务收入连续两年下降，跌幅分别为2.49%和0.07%。2016~2023年全国工程监理企业监理业务收入及增幅如图1-39所示。

图1-39　2016~2023年全国工程监理企业监理业务收入及增幅

与工程监理业务合同额占比下降趋势相一致，2016年以来全国工程监理企业监理业务收入占经营收入的比例也在不断下降，已从2016年的40.98%下降至2023年的10.59%，工程监理企业监理业务收入仅占经营收入总额的1/10左右。这从一方面反映出工程监理企业经营业务多元化程度在不断提高，同时也从侧面反映出工程监理取费在降低。2016~2023年全国工程监理企业监理业务收入占经营收入的比例如图1-40所示。

图1-40　2016~2023年全国工程监理企业监理业务收入占经营收入的比例

2. 规模较大的企业数量明显增多，且头部企业监理业务收入不断增长

2016年全国工程监理业务年收入1亿元以上的企业有155家，且多数企业监理业务年收入在3亿元以下。2023年全国工程监理业务年收入1亿元以上的企业增至288家，相较于2016年累计增长85.81%。近年来，不仅是监理业务规模较大的企业数量在明显增多，而且这些头部企业的监理业务年收入也在不断增长。2023年，工程监理业务年收入在3亿~5亿元的企业已达33家，有6家企业工程监理业务年收入在5亿~8亿元之间，还有6家企业工程监理业务年收入超过8亿元。2016~2023年全国工程监理业务年收入超过1亿元的企业数量见表1-3。

2016~2023年全国工程监理业务年收入超过1亿元的企业数量（单位：家）　表1-3

年份	工程监理业务年收入（M：亿元）			
	$M \geqslant 8$	$8 > M \geqslant 5$	$5 > M \geqslant 3$	$3 > M \geqslant 1$
2016	0	4	14	137
2017	0	5	15	154
2018	1	5	15	194
2019	3	5	22	221

年份	工程监理业务年收入（M：亿元）			
	$M \geq 8$	$8 > M \geq 5$	$5 > M \geq 3$	$3 > M \geq 1$
2020	4	6	30	230
2021	5	9	27	254
2022	6	7	27	248
2023	6	6	33	242

3. 全国各地区工程监理经营收入均有增长，长三角地区增速最为显著

2016年以来，全国各地区工程监理经营收入均有一定程度的增长。从总体来看，东部地区工程监理经营收入占全国工程监理经营收入总额的比例进一步提高，已从2016年的55.43%上升至2023年的57.22%。其中，长三角地区工程监理经营收入增速最高，已从2016年的283.67亿元增至2023年的464.76亿元，累计增长63.84%。中部和东部地区工程监理经营收入也有较大增长，分别由2016年的197.76亿元和612.31亿元增至2023年的312.57亿元和959.29亿元，累计增长分别为58.06%和56.67%。东北地区工程监理经营收入虽在总体上呈增长态势，从2016年的50.92亿元增至2023年的64.07亿元，累计增长25.82%，但该地区占全国工程监理经营收入总额的比例却在下降，已从2016年的4.61%下降至2023年的3.82%。2016~2023年全国各地区工程监理经营收入如图1-41所示。

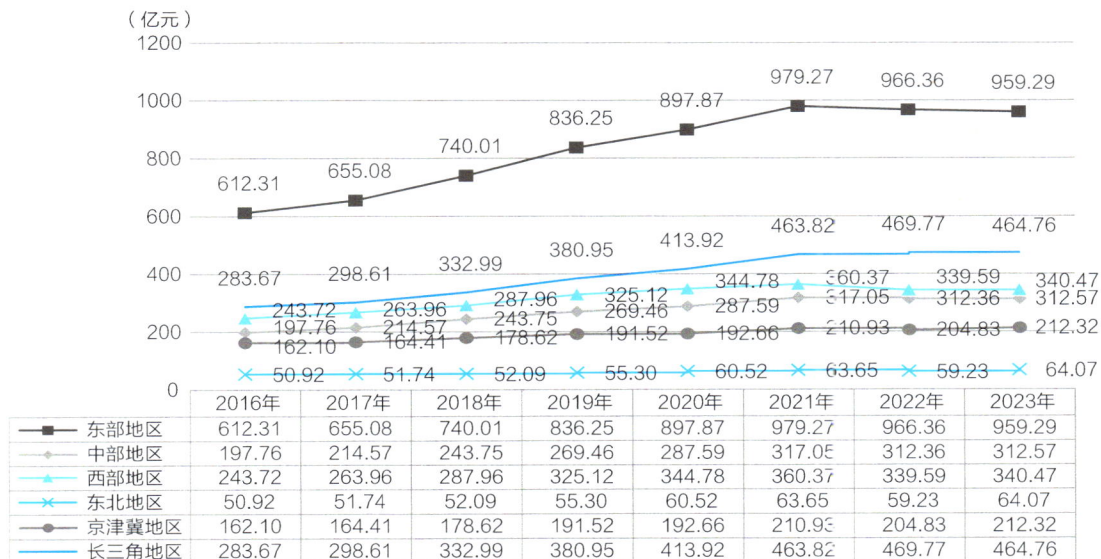

	2016年	2017年	2018年	2019年	2020年	2021年	2022年	2023年
东部地区	612.31	655.08	740.01	836.25	897.87	979.27	966.36	959.29
中部地区	197.76	214.57	243.75	269.46	287.59	317.05	312.36	312.57
西部地区	243.72	263.96	287.96	325.12	344.78	360.37	339.59	340.47
东北地区	50.92	51.74	52.09	55.30	60.52	63.65	59.23	64.07
京津冀地区	162.10	164.41	178.62	191.52	192.66	210.93	204.83	212.32
长三角地区	283.67	298.61	332.99	380.95	413.92	463.82	469.77	464.76

图1-41　2016~2023年全国各地区工程监理经营收入

全国各地区工程监理经营收入在2021年有较大增长，但在2022年全国各地区工程监理经营收入同比增速均有大幅下降。2022年东部、中部、西部、东北地区工程监理经营收入同比增速相较于2021年分别下降10.4%、11.7%、10.3%和12.1%，下降幅度均在10%以上。2023年东部地区尤其是长三角地区的工程监理经营收入在下降，相较于2022年分别下降0.7%和1.1%。与此同时，东北、京津冀地区的工程监理经营收入有明显回升，同比增速分别达到8.2%和3.7%。2016～2023年全国各地区工程监理经营收入同比增速如图1-42所示。

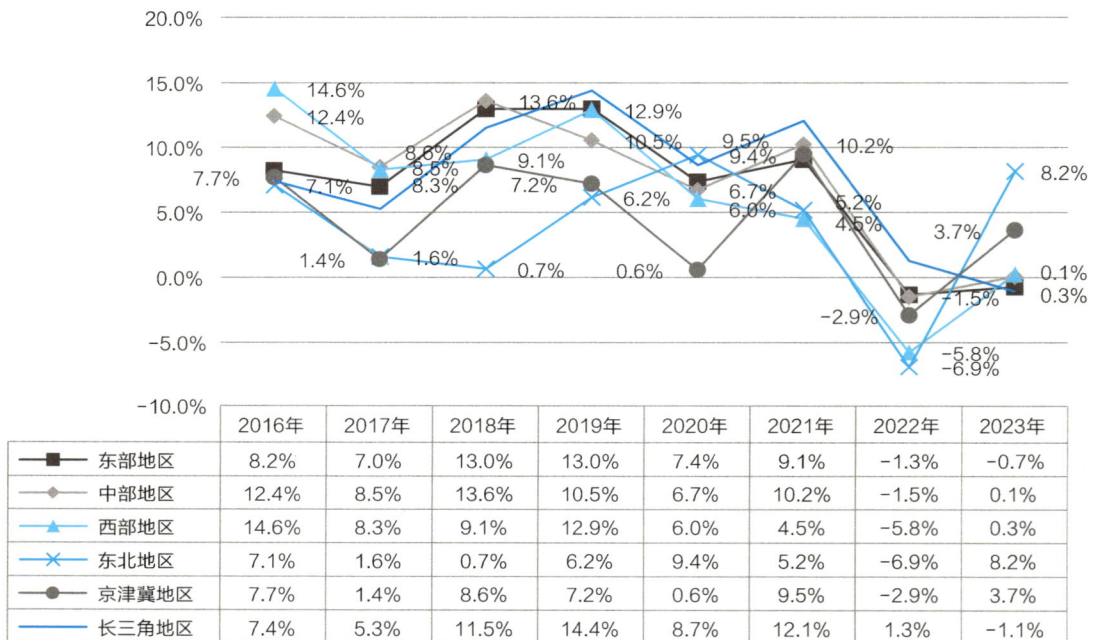

	2016年	2017年	2018年	2019年	2020年	2021年	2022年	2023年
东部地区	8.2%	7.0%	13.0%	13.0%	7.4%	9.1%	-1.3%	-0.7%
中部地区	12.4%	8.5%	13.6%	10.5%	6.7%	10.2%	-1.5%	0.1%
西部地区	14.6%	8.3%	9.1%	12.9%	6.0%	4.5%	-5.8%	0.3%
东北地区	7.1%	1.6%	0.7%	6.2%	9.4%	5.2%	-6.9%	8.2%
京津冀地区	7.7%	1.4%	8.6%	7.2%	0.6%	9.5%	-2.9%	3.7%
长三角地区	7.4%	5.3%	11.5%	14.4%	8.7%	12.1%	1.3%	-1.1%

图1-42　2016～2023年全国各地区工程监理经营收入同比增速

　　2023年全国工程监理企业监理业务收入最高的省份是广东、江苏和浙江，分别为183.11亿元、151.64亿元和145.35亿元，分别占全国工程监理业务收入的10.92%、9.05%和8.67%。此外，北京（140.71亿元）、上海（112.71亿元）两个直辖市工程监理业务收入也较高。2023年全国各地工程监理企业监理业务收入及增幅如图1-43所示。

（亿元）

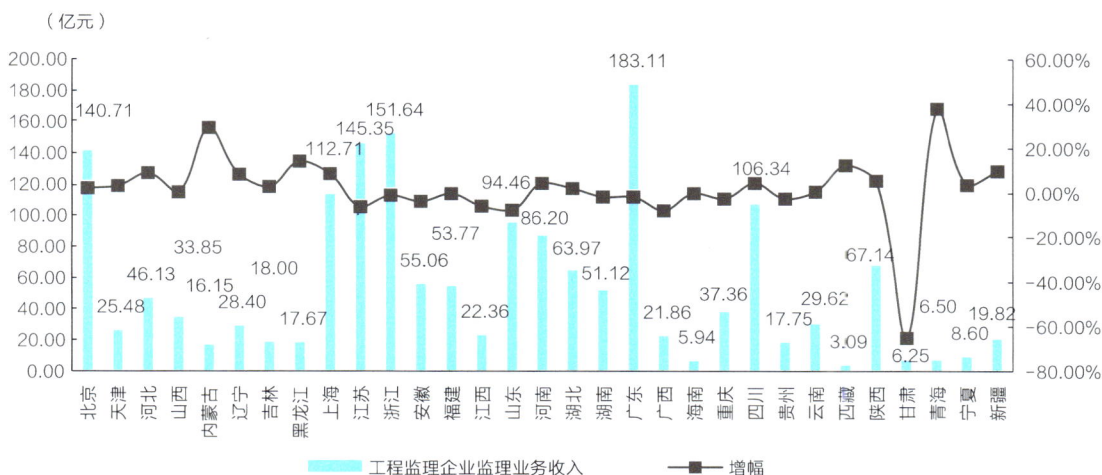

图1-43　2023年全国各地工程监理企业监理业务收入及增幅

1.2.3　工程监理取费及人均产值

2016年以来，工程监理取费及人均产值呈现出以下特点。

1. 全国工程监理平均费率整体呈下滑态势，各地区间存在一定差异

2016年以来，全国工程监理平均费率（工程监理合同额/监理项目投资额）波动下滑，由2016年的1.03%下降至2023年的0.72%。2016～2023年全国工程监理平均费率如图1-44所示。

图1-44　2016～2023年全国工程监理平均费率

全国各地工程监理费率存在一定差异。西藏自治区因地理位置特殊，工程监理费率奇高，达到11.53%。工程监理费率超过1%的省份有贵州（2.33%）、海南（1.07%）、陕西（1.03%）和广西（1.02%）。2023年全国各地工程监理费率如图1-45所示。

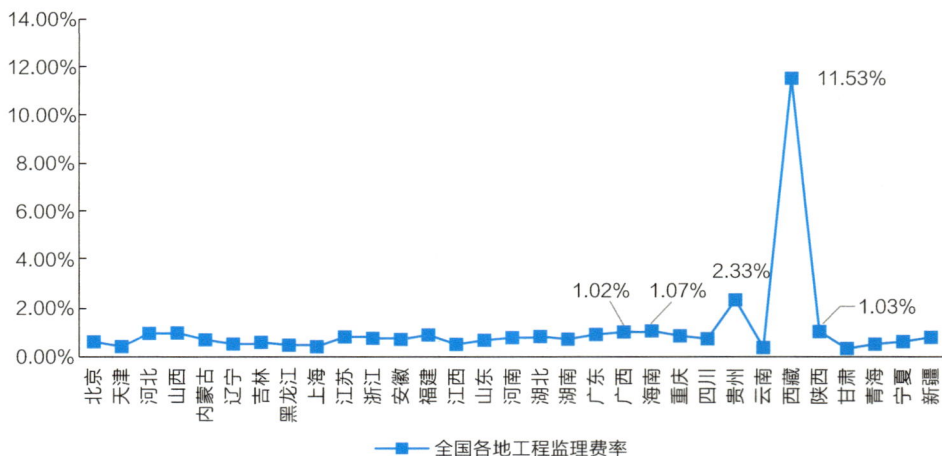

图1-45   2023年全国各地工程监理费率

2. 全国工程监理业务人均产值有所增长，但增速不大

全国工程监理企业监理业务人均产值由2016年的15.41万元/人增至2023年的19.42万元/人，累计增长26.02%，监理业务人均产值有所增长，但增速不大。2016～2023年全国工程监理企业监理业务人均产值及增幅如图1-46所示。

图1-46   2016～2023年全国工程监理企业监理业务人均产值及增幅

3. 沪、藏、京等地人均产值较高，甘、桂、闽等地人均产值较低

2023年全国工程监理企业监理业务人均产值最高的省份是上海（27.76万元/人）、西藏（26.74万元/人）和北京（25.86万元/人）；人均产值较低的省份是甘肃（14.18万元/人）、广西（13.00万元/人）和福建（10.96万元/人）。2023年全国各地工程监理企业监理业务人均产值如图1-47所示。

图1-47　2023年全国各地工程监理企业监理业务人均产值

1.2.4　工程监理业务收入前百名企业特点

全国工程监理业务收入前百名的企业呈现出以下特点。

1. 工程监理业务收入增速放缓，占全行业监理业务收入的比例基本稳定

2016年以来，全国工程监理业务收入前百名企业的监理业务收入稳步提升，已从2016年的222.94亿元增至2023年的357.60亿元，累计增长60.40%。但从近两年统计数据来看，前百名企业监理业务收入增幅呈下降态势。2022~2023年前百名企业监理业务收入同比增长率分别为0.74%和2.30%，远不及2016~2021年每年超过7%的同比增长率。2016~2023年全国工程监理业务收入前百名企业的监理业务收入及增幅如图1-48所示。

近年来，工程监理业务收入前百名企业的监理业务收入占全行业监理业务收入的比例变化不大，基本保持在20%左右。这说明工程监理行业的集中度基本保持不变。2016~2023年全国工程监理业务收入前百名企业监理业务收入占全行业监理业务收入的比例如图1-49所示。

图1-48 2016~2023年全国工程监理业务收入前百名企业的监理业务收入及增幅

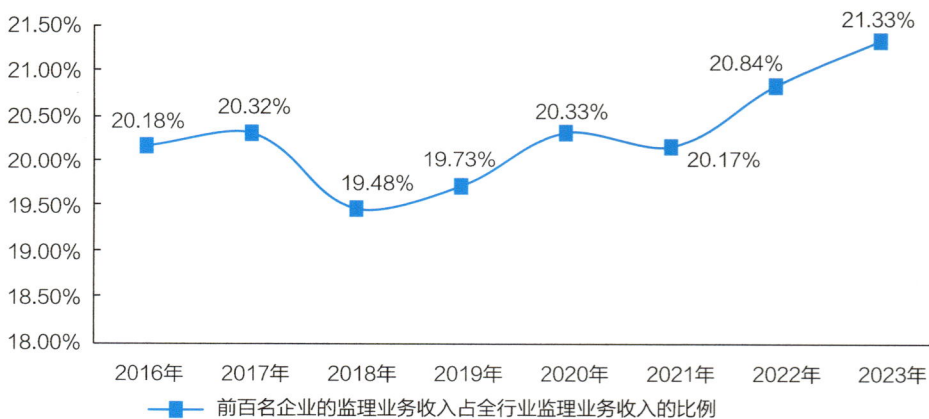

图1-49 2016~2023年全国工程监理业务收入前百名企业的监理业务收入占全行业
监理业务收入的比例

2. 工程监理人员数量基本未变，占全行业监理人员的比例也变化不大

除2017~2018年外，2016年以来全国工程监理业务收入前百名企业监理人员数量基本保持在12万左右。2016~2023年全国工程监理业务收入前百名企业监理人员数量及增幅如图1-50所示。

近年来，工程监理业务收入前百名企业监理人员占全行业监理人员的比例变化不大，近5年来基本维持在14%左右。2016~2023年全国工程监理业务收入前百名企业监理人员占全行业监理人员的比例如图1-51所示。

（人）

图1-50　2016～2023年全国工程监理业务收入前百名企业监理人员数量及增幅

图1-51　2016～2023年全国工程监理业务收入前百名企业监理人员占全行业监理人员的比例

3. 工程监理业务人均产值增幅不明显，与全国平均水平的差距变化不大

2016年以来，全国工程监理业务收入前百名企业监理业务人均产值增幅不明显，2021～2023年基本维持在28万元/人。2016～2023年全国工程监理业务收入前百名企业监理业务人均产值如图1-52所示。

近年来，工程监理业务收入前百名企业监理业务人均产值始终保持在全国工程监理企业监理业务人均产值的1.5倍左右。2016～2023年全国工程监理业务收入前百名企业监理业务人均产值比较如图1-53所示。

图1-52　2016～2023年全国工程监理业务收入前百名企业监理业务人均产值

图1-53　2016～2023年全国工程监理业务收入前百名企业监理业务人均产值比较

4．前百名企业主要集中在粤、川、京、沪等地，西部地区占比极小

工程监理业务收入前百名企业主要集中在广东省、四川省、北京市、上海市等地。2023年，工程监理业务收入前百名企业主要分布在广东省、四川省、北京市和上海市，广东省有17家，四川省有16家，北京市和上海市分别有12家，这4个地区前百名企业数量占前百名企业总数的比例达到57%。相比之下，西部地区前百名企业占比极小，特别是青海省、宁夏回族自治区、西藏自治区等地自2011年以来一直无工程监理业务收入前百名企业。2023年全国工程监理业务收入前百名企业地域分布如图1-54所示。

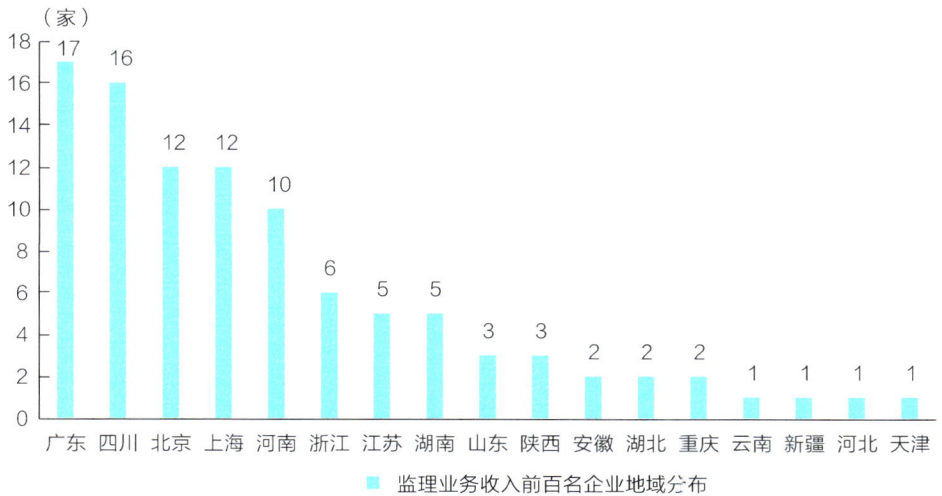

图1-54　2023年全国工程监理业务收入前百名企业地域分布

　　2016年以来，广东省、四川省工程监理业务收入前百名企业数量增长较快，从2016年的10家分别增至2023年的17家和16家。2016～2023年全国工程监理业务收入前百名企业变化情况见表1-4。

2016～2023年全国工程监理业务收入前百名企业变化情况（单位：家）　　表1-4

省份	年份							
	2016	2017	2018	2019	2020	2021	2022	2023
广东	10	12	12	15	18	20	17	17
四川	10	11	13	13	13	14	14	16
北京	20	16	13	12	13	14	14	12
上海	12	12	10	11	10	10	11	12
河南	5	7	10	8	8	7	9	10
浙江	7	7	7	7	6	7	6	6
江苏	5	5	4	5	7	4	6	5
湖南	5	5	5	5	5	4	4	5
山东	2	4	4	4	5	4	5	3
陕西	2	2	3	4	3	4	3	3
安徽	3	3	4	3	3	3	3	2
湖北	4	3	3	2	2	2	2	2
重庆	4	4	3	4	1	2	2	2
云南	2	1	2	2	2	2	1	1

续表

省份	年份							
	2016	2017	2018	2019	2020	2021	2022	2023
新疆	2	1	1	1	1	1	1	1
河北	1	1	2	2	1	1	1	1
天津	1	1	1	—	—	—	1	1
内蒙古	1	1	1	1	—	—	—	1
江西	1	1	1	1	1	1	—	—
辽宁	1	—	—	—	1	—	—	—
山西	1	1	0	—	—	—	—	—
福建	1	2	1	—	—	—	—	—

附录　2023年全国工程监理业务收入前百名企业名录

2023年全国工程监理业务收入前百名企业名录

监理业务年收入	企业名称	注册地	主营业务	资质等级
8亿元以上（6家）	上海建科工程咨询有限公司	上海	房屋建筑工程	综合
	浙江江南工程管理股份有限公司	浙江	房屋建筑工程	综合
	公诚管理咨询有限公司	广东	房屋建筑工程	综合
	五洲工程顾问集团有限公司	浙江	房屋建筑工程	综合
	中咨工程管理咨询有限公司	北京	房屋建筑工程	综合
	重庆赛迪工程咨询有限公司	重庆	房屋建筑工程	综合
5～8亿元（6家）	广州珠江监理咨询集团有限公司	广东	房屋建筑工程	综合
	中核工程咨询有限公司	北京	电力工程	综合
	永明项目管理有限公司	陕西	房屋建筑工程	综合
	中邮通建设咨询有限公司	江苏	通信工程	综合
	北京铁城建设监理有限责任公司	北京	铁路工程	综合
	北京赛瑞斯国际工程咨询有限公司	北京	房屋建筑工程	综合
3～5亿元（33家）	江苏建科工程咨询有限公司	江苏	房屋建筑工程	综合
	湖南电力工程咨询有限公司	湖南	电力工程	综合
	北京兴油工程项目管理有限公司	北京	化工石油工程	综合
	四川元丰建设项目管理有限公司	四川	房屋建筑工程	综合
	中铁华铁工程设计集团有限公司	北京	铁路工程	综合
	铁四院（湖北）工程监理咨询有限公司	湖北	铁路工程	综合
	四川省城市建设工程咨询集团有限公司	四川	房屋建筑工程	综合
	广州市市政工程监理有限公司	广东	市政公用工程	综合
	国机中兴工程咨询有限公司	河南	房屋建筑工程	综合
	山东诚信工程建设监理有限公司	山东	电力工程	综合
	铁科院（北京）工程咨询有限公司	北京	铁路工程	综合
	上海天佑工程咨询有限公司	上海	铁路工程	综合
	浙江明康工程咨询有限公司	浙江	市政公用工程	综合
	浙江华东工程咨询有限公司	浙江	水利水电工程	综合
	中达安股份有限公司	广东	房屋建筑工程	综合
	中铁二院（成都）咨询监理有限责任公司	四川	铁路工程	综合
	深圳市合创建设工程顾问有限公司	广东	房屋建筑工程	综合
	广州地铁工程咨询有限公司	广东	市政公用工程	甲级

续表

监理业务 年收入	企业名称	注册地	主营业务	资质等级
3~5亿元 （33家）	浙江求是工程咨询监理有限公司	浙江	房屋建筑工程	综合
	广东重工建设监理有限公司	广东	房屋建筑工程	综合
	首盛国际工程咨询集团有限公司	四川	房屋建筑工程	综合
	晨越建设项目管理集团股份有限公司	四川	房屋建筑工程	综合
	中国水利水电建设工程咨询西北有限公司	陕西	水利水电工程	综合
	康立时代建设集团有限公司	四川	房屋建筑工程	综合
	上海市工程建设咨询监理有限公司	上海	房屋建筑工程	综合
	上海市建设工程监理咨询有限公司	上海	房屋建筑工程	综合
	建基工程咨询有限公司	河南	房屋建筑工程	综合
	北京诚公管理咨询有限公司	北京	通信工程	甲级
	山东胜利建设监理股份有限公司	山东	化工石油工程	综合
	上海同济工程项目管理咨询有限公司	上海	房屋建筑工程	综合
	广州建筑工程监理有限公司	广东	房屋建筑工程	综合
	成都衡泰工程管理有限责任公司	四川	房屋建筑工程	综合
	中建卓越建设管理有限公司	河南	房屋建筑工程	综合
2~3亿元 （55家）	北京铁研建设监理有限责任公司	北京	铁路工程	甲级
	和天（湖南）国际工程管理有限公司	湖南	房屋建筑工程	综合
	江苏雨田工程咨询集团有限公司	江苏	房屋建筑工程	综合
	西安铁一院工程咨询管理有限公司	陕西	铁路工程	综合
	四川公众项目咨询管理有限公司	四川	通信工程	甲级
	北京中铁诚业工程建设监理有限公司	北京	铁路工程	甲级
	广州越建工程管理有限公司	广东	房屋建筑工程	甲级
	中鸿亿博集团有限公司	四川	房屋建筑工程	综合
	四川东祥工程项目管理有限责任公司	四川	电力工程	甲级
	河南省光大建设管理有限公司	河南	房屋建筑工程	综合
	上海三凯工程咨询有限公司	上海	房屋建筑工程	综合
	山东省交通工程监理咨询有限公司	山东	公路工程	甲级
	上海华城工程建设管理有限公司	上海	房屋建筑工程	综合
	新疆昆仑工程咨询管理集团有限公司	新疆建设兵团	房屋建筑工程	综合
	武汉中超电网建设监理有限公司	湖北	电力工程	甲级
	合肥工大建设监理有限责任公司	安徽	房屋建筑工程	综合
	河南长城铁路工程建设咨询有限公司	河南	铁路工程	综合

续表

监理业务年收入	企业名称	注册地	主营业务	资质等级
2~3亿元（55家）	中通服项目管理咨询有限公司	湖南	通信工程	综合
	广东省建筑工程监理有限公司	广东	房屋建筑工程	甲级
	上海宏波工程咨询管理有限公司	上海	市政公用工程	综合
	四川二滩国际工程咨询有限责任公司	四川	水利水电工程	综合
	天津新亚太工程建设监理有限公司	天津	铁路工程	综合
	廊坊中油朗威工程项目管理有限公司	河北	化工石油工程	综合
	广州市汇源通信建设监理有限公司	广东	通信工程	甲级
	广东创成建设监理咨询有限公司	广东	电力工程	甲级
	广东建设工程监理有限公司	广东	房屋建筑工程	综合
	河南万安工程咨询有限公司	河南	房屋建筑工程	综合
	上海宝钢工程咨询有限公司	上海	冶炼工程	综合
	四川省兴旺建设工程项目管理有限公司	四川	房屋建筑工程	综合
	河南海纳建设管理有限公司	河南	房屋建筑工程	综合
	江苏中源工程管理股份有限公司	江苏	房屋建筑工程	综合
	深圳科宇工程顾问有限公司	广东	房屋建筑工程	甲级
	湖南长顺项目管理有限公司	湖南	房屋建筑工程	综合
	中新创达咨询有限公司	河南	房屋建筑工程	综合
	北京华城工程管理咨询有限公司	北京	房屋建筑工程	甲级
	中铁一院集团南方工程咨询监理有限公司	广东	铁路工程	综合
	四川铁科建设监理有限公司	四川	铁路工程	甲级
	中海监理有限公司	广东	房屋建筑工程	综合
	内蒙古康远工程建设监理有限责任公司	内蒙古	电力工程	甲级
	中国水利水电建设工程咨询中南有限公司	湖南	水利水电工程	综合
	浙江天成项目管理有限公司	浙江	房屋建筑工程	综合
	安徽省建设监理有限公司	安徽	房屋建筑工程	综合
	成都交大工程建设集团有限公司	四川	房屋建筑工程	综合
	英泰克工程顾问（上海）有限公司	上海	市政公用工程	综合
	国网江苏省电力工程咨询有限公司	江苏	电力工程	甲级
	上海建浩工程顾问有限公司	上海	房屋建筑工程	甲级
	鼎信项目管理咨询有限公司	重庆	通信工程	甲级
	广东建设监理有限公司	广东	房屋建筑工程	甲级
	新恒丰咨询集团有限公司	河南	房屋建筑工程	综合

续表

监理业务 年收入	企业名称	注册地	主营业务	资质 等级
2～3亿元 （55家）	昆明建设咨询管理有限公司	云南	房屋建筑工程	综合
	四川同创建设工程管理有限公司	四川	房屋建筑工程	综合
	成都大西南铁路监理有限公司	四川	铁路工程	综合
	北京中城建建设管理有限公司	北京	房屋建筑工程	综合
	上海先行建设监理有限公司	上海	铁路工程	甲级
	河南宏业建设管理股份有限公司	河南	房屋建筑工程	综合

第 2 章

北京市工程
监理行业发展概况

　　"十三五"以来，北京市工程监理行业进一步发展壮大，工程监理企业数量、从业人员数量、注册监理工程师数量稳步增长，工程监理单位承揽业务合同额、总收入及监理业务收入稳步增长。北京市工程监理企业资质分布、企业规模结构较合理，从业人员规模和素质有所提升，疫情及房地产行业下行对北京市工程监理行业未造成显著影响。

2.1　北京市工程监理企业及从业人员规模

2.1.1　北京市工程监理企业规模

1. 企业资质分布

　　截至2023年底，在北京市注册的工程监理企业有541家，其中有433家企业参与年度统计申报。从统计数据可以看出，2021年来北京市工程监理企业数量有较大幅度的增加，从2016年的308家增至2023年的433家，累计增长40.58%。其中，工程监理乙级资质企业自2021年以来有较大幅度增长，从2020年的81家增至2023年的179家，3年内累计增长1.21倍。2016年以来，北京市工程监理丙级及事务所资质企业数量在逐步减少，从2016年的21家减至2023年的10家。2016～2023年北京市不同资质的工程监理企业数量见表2-1。

2016～2023年北京市不同资质的工程监理企业数量　　　　　　表2-1

年份	企业总数	综合及甲级资质企业数量	乙级资质企业数量	丙级及事务所资质企业数量
2016	308	225	63	20
2017	328	228	79	21
2018	329	226	82	21
2019	320	226	80	14
2020	328	232	81	15
2021	400	271	117	12
2022	411	238	162	11
2023	433	244	179	10

　　按工程监理资质数量统计，2016～2023年北京市注册企业具有工程监理资质的企业数量见表2-2。从表2-2可以看出，2016年以来北京市工程监理综合资质

企业在稳步增长。特别是自2021年以来，北京市工程监理乙级资质企业数量和工程监理为非主营业务的企业数量连续3年快速增长。这从侧面反映出前两年工程监理企业资质审批权限下放至地方政府后造成的影响还是比较大的。

2016～2023年北京市注册企业具有工程监理资质的企业数量　　表2-2

年份	工程监理资质企业总数	综合资质企业数量	甲级资质企业数量	乙级资质企业数量	丙级资质企业数量	非主营资质企业数量
2016	707	17	208	63	20	399
2017	749	17	211	79	21	421
2018	780	18	208	82	21	451
2019	797	19	207	80	14	477
2020	793	19	213	81	15	465
2021	976	20	251	117	12	576
2022	1043	21	217	162	11	632
2023	1113	24	220	179	10	680

2. 主营业务专业分布

北京市工程监理企业中，主营房屋建筑工程监理的企业数量最多，其次是主营市政公用工程监理的企业，主营电力工程监理的企业数量也较多。2023年参与统计的433家工程监理企业中，主营房屋建筑工程监理、市政公用工程监理和电力工程监理的企业数量分别为277家、63家和40家，这三类工程监理企业数量占北京市工程监理企业总数的87.8%。2023年北京市工程监理企业主营业务专业分布见表2-3。

2023年北京市工程监理企业主营业务专业分布　　表2-3

主营业务领域	工程监理企业数量	占工程监理企业总数的比例
房屋建筑工程	277	63.97%
市政公用工程	63	14.55%
电力工程	40	9.24%
化工石油工程	18	4.16%
铁路工程	15	3.46%
通信工程	4	0.92%
航天航空工程	4	0.92%

主营业务领域	工程监理企业数量	占工程监理企业总数的比例
机电安装工程	4	0.92%
矿山工程	3	0.69%
公路工程	1	0.23%
农林工程	1	0.23%
港口与航道工程	1	0.23%
冶炼工程	1	0.23%
水利水电工程	1	0.23%

2.1.2 北京市工程监理从业人员规模

1. 工程监理企业相关人员数量

北京市工程监理人员规模与工程建设规模相适应，近年来有所增长。特别是自2021年以来，北京市工程监理企业注册执业人员及注册监理工程师数量有显著增长。2016～2023年北京市工程监理企业相关人员数量见表2-4。

2016～2023年北京市工程监理企业相关人员数量　　　　表2-4

年份	从业人员总数	工程监理人员数量	专业技术人员数量	注册执业人员数量	注册监理工程师数量
2016	83237	56040	76281	15673	9027
2017	88059	58062	78891	15999	9223
2018	89959	58741	78029	18224	10562
2019	96434	57411	79197	21737	10166
2020	99594	56505	82636	24175	10505
2021	113554	56991	85030	31327	13630
2022	107858	53622	87354	34034	14194
2023	114872	54419	93027	38706	16924

2. 不同监理人员数量的企业分布

北京市工程监理企业监理人员数量差异较大。有的企业监理人员数量超过1500人，而几乎近半的工程企业监理人员数量在30人以下。2023年北京市不同监理人员数量的企业分布见表2-5。

序号	监理人员数量	工程监理企业数量	占工程监理企业总数的比例
1	1500人及以上	6	1.39%
2	1000（含）~1500人	2	0.46%
3	600（含）~1000人	7	1.62%
4	300（含）~600人	27	6.24%
5	100（含）~300人	82	18.94%
6	30（含）~100人	114	26.33%
7	30人以下	195	45.03%
	合计	433	100%

2023年北京市不同监理人员数量的企业分布　　　　表2-5

2.2 北京市工程监理企业承揽业务及经营收入

2.2.1 承揽业务总合同额

1. 承揽业务总合同额总体情况

2016年以来，北京市工程监理企业承揽业务总合同额有较大幅度增长，从2016年的318.02亿元增至2023年的1395.42亿元，累计增长3.39倍。但与此同时，工程监理合同额变化不大。2016~2023年北京市工程监理企业承揽业务总合同额、监理合同额及其他咨询合同额见表2-6。其中，其他咨询合同额包括勘察设计咨询业务合同额。

2016~2023年北京市工程监理企业承揽业务总合同额、监理合同额及其他咨询合同额　　　表2-6

年份	承揽业务总合同额（亿元）	监理合同额（亿元）	其他咨询合同额（亿元）
2016	318.02	146.46	106.47
2017	571.32	198.16	186.05
2018	803.68	238.64	319.72
2019	764.10	155.39	250.20
2020	1008.76	165.55	204.27

续表

年份	承揽业务 总合同额（亿元）	监理合同额（亿元）	其他咨询合同额 （亿元）
2021	751.84	158.80	217.09
2022	1182.46	164.34	247.30
2023	1395.42	163.72	329.21

2016～2023年北京市工程监理企业承揽业务总合同额的变化情况如图2-1所示。除2021年受疫情影响较大外，北京市工程监理企业承揽业务总合同额总体呈不断增长态势。

图2-1　2016～2023年北京市工程监理企业承揽业务总合同额变化情况

2016～2023年北京市工程监理企业监理合同额占承揽业务总合同额的比例如图2-2所示。从图2-2可以看出，北京市工程监理企业监理合同额占承揽业务总合同额的比例在不断下降，已从2016年的46.05%降至2023年的11.73%。这说明北京市工程监理企业经营业务在向多元化方向发展。

2.　各专业类别工程监理企业承揽业务合同额情况

如前所述，2023年参与工程监理统计的433家北京市工程监理企业，多数主营业务集中在房屋建筑工程、市政公用工程和电力工程领域。也有部分企业主营业务集中在化工石油工程、铁路工程。2023年北京市各专业类别工程监理企业承揽业务合同额见表2-7。

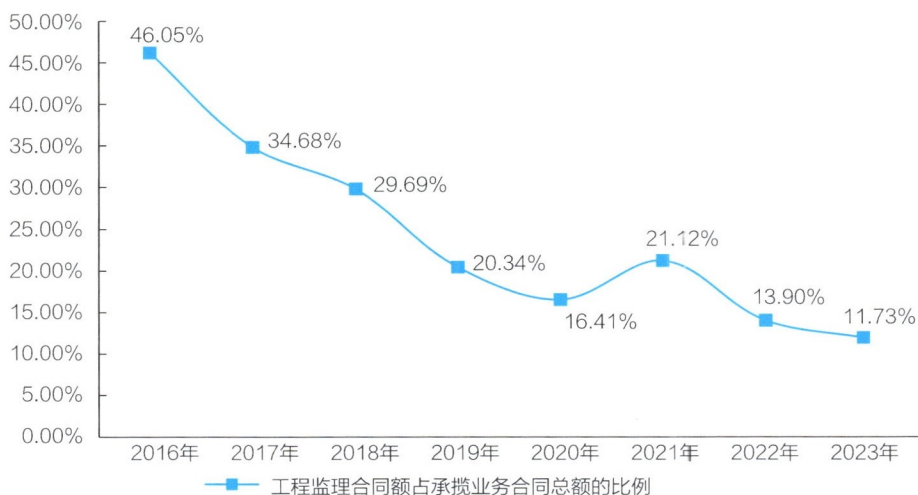

图2-2　2016～2023年北京市工程监理企业监理合同额占承揽业务合同总额的比例

2023年北京市各专业类别工程监理企业承揽业务合同额　　　　　　表2-7

专业类别	企业数量占比（%）	企业承揽业务情况		企业承揽监理情况	
		合同额（亿元）	占比（%）	合同额（亿元）	占比（%）
房屋建筑工程	63.97%	512.85	36.75%	78.93	48.19%
市政公用工程	14.55%	61.69	4.42%	10.13	6.18%
电力工程	9.24%	386.03	27.66%	19.56	11.94%
化工石油工程	4.16%	126.14	9.04%	8.14	4.97%
铁路工程	3.46%	41.82	3.00%	26.54	16.20%
其他	4.62%	266.96	19.13%	20.49	12.51%
总计	100%	1395.49	100%	163.79	100%

从表2-7可以看出，主营业务为房屋建筑工程领域的工程监理企业占比超过60%，但承揽业务合同额占比仅为36.75%，承揽监理业务合同额占比略高一些。与此相类似，主营业务在市政公用工程领域的工程监理企业占比近15%，但承揽业务合同额占比不足5%，承揽监理业务合同额占比同样略高一些。相比之下，主营业务在电力工程领域的工程监理企业占比不足10%，承揽业务合同额占比超过1/4。类似地，主营业务在化工石油领域的工程监理企业承揽业务合同额占比也超过其企业数量占比。这说明电力和化工石油领域工程监理企业平均产值高于其他领域工程监理企业平均产值。

2.2.2 经营收入

近年来，北京市工程监理企业经营收入情况呈现出以下特点。

1. 工程监理企业经营总收入增幅较大，监理业务收入增长不明显

受经济形势变化的影响，近年来北京市工程监理企业监理业务收入增长不明显，工程监理业务以外的咨询服务收入不够稳定，但经营总收入在不断增长。工程监理企业经营总收入从2016年的349.44亿元增至2023年的782.93亿元，累计增长1.24倍。2016～2023年北京市工程监理企业经营收入见表2-8。

2016～2023年北京市工程监理企业经营收入（单位：亿元）　　　　表2-8

年份	经营总收入	监理业务收入	其他咨询业务收入
2016	349.44	116.22	221.32
2017	495.14	119.76	165.22
2018	505.84	124.27	185.90
2019	603.53	130.52	202.38
2020	650.47	127.46	230.13
2021	694.70	141.04	273.85
2022	968.23	132.78	199.31
2023	782.93	140.81	285.17

2. 工程监理业务收入占比在不断下降，工程监理企业在多元化发展

2016～2023年北京市工程监理企业监理业务收入占经营总收入的比例如图2-3所示。与承揽业务合同额类似，北京市工程监理企业监理业务收入占经营总收入的比例也在不断下降，已从2016年的33.26%降至2023年的17.99%。这也从侧面说明北京市工程监理企业经营业务在向多元化方向发展。

图2-3　2016～2023年北京市工程监理企业监理业务收入占经营总收入的比例

3. 近半数企业监理收入 500 万元以下，综合及甲级资质企业监理收入超 9 成

2023年北京市有12家工程监理企业监理收入超过2亿元，有26家工程监理企业监理收入在1～2亿元。有197家工程监理企业监理业务收入低于500万元，企业数量占比为45.50%。2023年北京市工程监理企业监理收入分段统计见表2-9。

2023年北京市工程监理企业监理收入统计分析表　　　　表2-9

序号	监理收入	企业数量	监理收入占比
1	2亿元（含）以上	12	2.77%
2	1亿元（含）～2亿元	26	6.00%
3	6000万元（含）～1亿元	18	4.16%
4	3000万元（含）～6000万元	45	10.39%
5	1000万元（含）～3000万元	88	20.32%
6	500万元（含）～1000万元	47	10.85%
7	500万元以下	197	45.50%
	合计	433	100%

2023年北京市工程监理企业监理收入140.8亿元，综合资质企业监理收入56.6亿元，甲级资质企业监理收入76.5亿元，综合及甲级资质企业监理收入占各类资质企业监理收入的94.53%。2023年北京市不同资质工程监理企业监理收入及其占比见表2-10。

2023年北京市不同资质工程监理企业监理收入及其占比　　　　表2-10

序号	资质等级	监理收入（万元）	监理收入占比
1	综合资质企业	566377	40.22%
2	甲级资质企业	765013	54.33%
3	乙级资质企业	76037.5	5.40%
4	丙级资质企业	644.66	0.05%
	合计	1408072	100.00%

2.2.3　人均产值

2016年以来，北京市工程监理企业人均经营年收入不够稳定，但人均监理年收入变化不大。2016～2023年北京市工程监理企业人均年收入见表2-11。

2016～2023年北京市工程监理企业人均年收入（单位：万元）　　　表2-11

年份	人均经营年收入	人均监理年收入
2016	41.9	21.74
2017	56.2	20.63
2018	56.2	21.16
2019	62.6	22.73
2020	65.3	22.56
2021	61.1	24.75
2022	89.7	25.7
2023	68.16	25.87

2.3 北京市工程监理行业发展及协会工作

2.3.1 行业发展特点

近年来，北京市工程监理行业发展呈现出以下特点。

1. 工程监理国企央企较多，各专业领域头部企业较多

2023年北京市参与统计的433家工程监理企业中，有综合资质企业24家、甲级资质企业220家；有国有及国有控股企业51家，其中央企32家、北京市属国企19家。在房屋建筑、市政公用、铁路、通信、航天航空、电力、化工石油、公路等十大专业领域的头部企业中，均有在北京市注册的工程监理企业。在全国监理收入前百名的工程监理企业中，有北京市注册的工程监理企业14家。

2. 多数工程监理企业拓展业务范围，实现多元化经营

多数北京市工程监理企业通过提升人员素质，深耕市场，为建设单位提供更广泛的咨询服务，已从单一的施工监理，扩展到招标代理、项目管理、造价咨询、设计管理、投资咨询及全过程工程咨询等多种业务，初步具备提供"大咨询"的能力。

北京市工程监理充分发挥行业人员素质较高、专家队伍业务能力突出、行业凝聚力较强的优势，实现以京津冀为主、辐射全国、走向海外的发展布局。同时，借助国企央企较多的优势，在近年来投资有所增加的军工、新能源、高科技等领域，以及水利、交通等行业加快布局，为工程监理行业高质量发展创造了良

好条件。

3. 以城市副中心和雄安新区建设为契机，为行业发展提供可靠保证

北京城市副中心和雄安新区作为京津冀协同发展的两大引擎，自启动建设以来已取得显著成果。北京城市副中心建设和基础设施建设规模大，2023年建筑工程开复工面积高达10.4亿万平方米。2035年以前，北京城市副中心至少每年投入1000亿元进行工程建设，可为北京市工程监理企业提供广阔的市场空间。

自2016年以来，雄安新区开始高质量、高速度、大规模建设，四纵三横的高速公路和对外骨干网络全面建成，交通、住房、公共服务等基础设施逐步完善，城市框架已初步形成。截至目前，已累计实施383个重点项目，完成投资超过7000亿元。北京市工程监理企业不仅承担了疏解到雄安的央企、大专院校、医院等工程监理工作，还为雄安投资集团等地方投资的大量项目提供了工程监理和咨询服务。在雄安新区的未来建设中，北京市广大工程监理企业还将会发挥重要作用。

2.3.2 政府监管工作特点

1. 政府主管部门重视行业发展，坚持每年召开全市监理工作大会

北京市住房和城乡建设委员会（以下简称"北京市住房城乡建设委"）非常重视工程监理行业发展，近年来坚持每年召开全市监理工作大会，北京市住房和城乡建设委分管副主任、相关处室负责人、各区住房和城乡建设委及全市工程监理单位相关负责人参会。会议对全市上一年度监理工作、工程质量及施工安全监督管理情况进行全面总结，并结合全市工程建设管理新形势和新任务，在对全市工程监理先进典型进行表彰的同时，部署和安排新一年的重点工作。

北京市工程监理单位主要负责人每年都会参加全市工程监理工作大会，政府主管部门领导给出的指导意见能够通过企业主要负责人直接传达到每一位总监理工程师，便于将指导意见直接落实到每一个项目。一直以来，北京市政府相关管理部门对工程监理单位在保证工程质量和安全生产管理方面发挥的不可替代作用给予充分肯定，支持工程监理行业成为工程建设领域的一支重要力量，为首都建设工程质量安全管理整体水平的提升保驾护航。

2. 建立定期沟通机制，倾听行业诉求

为更好地了解工程监理行业的发展情况，做好政策制定和政府监管工作，北京市住房和城乡建设委建立了定期与工程监理行业沟通的机制。北京市住房城乡建设委分管副主任、工程质量管理处相关负责人及相关处室负责人会定期到北京

市建设监理协会开展座谈交流，就行业发展状况、协会工作情况、工程建设标准编制情况和课题研究成果等内容进行沟通和交流。

北京市建设监理协会的重要活动一般都会邀请政府管理部门派员参加，包括每年例行的行业调研活动、理事会、公益活动以及行业中的其他重大活动等。建立政府与行业协会的定期和不定期沟通机制，可以使政府监管部门与行业协会的联动更加充分，有利于创造更多的机会使工程监理行业服务于首都、服务于社会。

3. 尊重专业意见，主动邀请监理行业专家参与立法研究

2016年以来，北京市住房城乡建设委共发布地方性法规10项、政府规章7项、规范性文件139项、其他政策文件241项、北京市地方标准216项。北京市地方法规和技术标准涉及工程监理工作及质量安全管理立法工作的，住房城乡建设委均会主动邀请工程监理行业专家参与，希望提出切合实际的意见和建议。

北京市建设监理协会积极参与住房城乡建设部及北京市住房城乡建设委有关工程监理工作的政策研究，参加相关文件的起草、讨论，提出意见和建议，为行业健康发展发声。2016年起，北京市建设监理协会先后参与住房城乡建设部令第37号讨论；参与完成中国建设监理协会委托课题《〈建筑法〉关于监理条款修订》研究任务；组织填报监理统计年报；组织研讨北京市住房城乡建设委关于工程监理行业发展、监理履职、防水渗漏等专项问题，起草相关文件；参与修订《北京市工程监理企业及人员违法违规行为记分标准》；组织修订北京市地方标准《建设工程监理规程》；参与修订北京市住房城乡建设委风险分级管控平台测评指标（监理质量和安全行为部分）；参与起草北京市住房城乡建设委监理行业相关文件10份，内容包括预拌混凝土驻厂监理、工程监理人员配备、工程质量风险管理、全过程工程咨询合同、综合管廊建设管理、施工现场技能工人配备、住宅工程防水施工和渗漏防治指南等；组织回复住房城乡建设委相关文件及规范标准征求意见22次，累计回复意见1145条；组织参加住房城乡建设委相关文件讨论11次，形成讨论意见158条；组织问卷调查2次，整理意见510条。

4. 发挥工程监理行业专家作用，政府优先购买服务

政府监管部门充分发挥行业协会专家智库作用，采取政府购买服务或专项委托等形式与协会开展合作，既弥补了监督执法专业力量的不足，又较好地提升了管理效能。北京市建设监理协会积极回应政府需求，组织工程监理企业深度参与，取得了较好的效果。一是开展援疆建设项目综合专业评估。受北京市支援合作工作领导小组新疆和田指挥部委托，北京市建设监理协会自2017年起每年两次

组织监理专家对援疆建设项目进行综合专业评估，出具评估报告，供政府主管部门参考，并对当地企业及政府监管部门相关人员进行业务培训，助力当地不断提高工程建设管理水平。二是受北京城市副中心工程建设管理办公室委托，组织专家为副中心行政办公区配套项目及重点工程提供技术咨询和辅助监管服务，为确保高质量建设北京城市副中心做出了贡献。自2019年以来，共派出专家1664人次，完成委托任务220次，其中专家评审、专项论证、专项验收等技术咨询服务158次，重点工程检查评估等辅助监管62次。三是受北京市住房城乡建设委委托开展多项专项检查，主要包括：①监理履职专项检查，自2016年起共检查在施项目350项，涉及工程监理企业200余家。②住宅工程质量专项检查，近五年共检查在施住宅项目131项；在施住宅项目防水工程质量常态化排查，2023年共检查在施住宅项目24项，提交报告2项、改进措施和建议120余条。③首都新机场建设项目专项督导检查，2016年1月至2019年6月，共对航站区、二作区的7项工程检查130余次。

政府采取的购买服务和专项委托方式在实践中已取得显著成效。北京市建设监理协会组织行业专家进行辅助监管，这一模式已成为政府实施监管的可靠助手，有力推动了政府部门监督执法效能的提高，为实现差别化、精细化监管创造了条件，达到了事半功倍的效果。

5. 支持行业诚信体系建设，将诚信记录纳入招标投标管理

为推进北京市工程监理行业诚信体系建设，规范工程监理企业行为，营造诚信守法的市场环境，促进北京市工程监理行业持续、稳定、健康发展，结合北京市工程监理行业实际情况，北京市住房城乡建设委建立了工程监理单位诚信评价平台，用于记录北京市工程监理企业及注册监理人员的市场行为。该平台对工程监理单位的诚信评分包括加分项和扣分项，同时为支持北京市建设监理协会工作，将北京市建设监理协会"监理行业贡献绩点管理办法"的年度评价结果纳入加分项。

"两场联动"是诚信评价的价值体现，它将诚信体系建设纳入工程建设招标投标管理工作。在招标投标过程中，诚信评价排名按确定的规则转换为一定分值，这使得工程监理企业更加注重自身的诚信记录。同时，严格的招标投标管理也确保了项目的公平竞争，为优秀工程监理企业提供了更多的发展机会。

6. 实施驻厂监理制度，强化预拌混凝土生产质量管理

为了加强北京市保障性安居工程预拌混凝土生产质量管理，确保工程结构质量，北京市住房城乡建设委于2014年底发布《关于对保障性安居工程预拌混凝土

生产质量实施监理的通知（试行）》（京建法〔2014〕20号），决定对北京市范围内保障性安居工程试行预拌混凝土生产质量驻厂监理制度。驻厂监理组通过审核预拌混凝土生产单位质量管理体系、见证原材料试验、核查配合比、见证试件制作、检查试验及生产设备校检、抽查出厂混凝土性能等方法，对预拌混凝土生产质量进行把关，解决了预拌混凝土生产环节缺乏监控的问题。

为避免驻厂监理重复进驻的问题，北京市住房城乡建设委采取每个混凝土生产单位只进驻一家监理单位，谁签合同谁负责的措施，大大降低了企业负担。2016年，北京市住房城乡建设委组织编写了《北京市预拌混凝土生产质量驻厂监理工作手册》，为驻厂监理工作提供了标准化依据。北京市建设监理协会于2024年组织发布团体标准《北京市预拌混凝土生产质量驻厂监理工作标准》，在工作制度、人员职责、工作内容等方面进一步规范了驻厂监理工作。

驻厂监理制度施行10年来，提升了混凝土生产企业在质量控制方面的管理水平，为北京市政策性住房结构工程质量管理做出了突出贡献，并为工程监理行业培养了一批专业人才，10年来累计签约项目718项，签约驻厂监理合同额约3.7亿元，培训驻厂监理人员600余人。

2.3.3 行业协会工作特色

1. 党建引领，获得党建示范单位荣誉称号

北京市建设监理协会现有员工12人，其中党员5人，成员包括会长、名誉会长、监事长、副会长及秘书处工作人员。党支部秉持"开门办支部"与"透明办支部"的理念，紧密围绕协会实际工作，以党员先锋模范作用带动群众，以支部战斗堡垒作用引领行业发展，实现了支部工作与协会建设的深度融合。在2023年协会换届过程中，确保行业协会商会拟任负责人选的政治审核资料全部通过，为换届大会的顺利召开保驾护航。

2016年，北京市建设监理协会党支部荣获北京社工委"优秀党建活动品牌"，2023年荣获北京市社会事业领域行业协会联合党委"党建工作示范单位"，有1人荣获北京市"党建管理岗先进个人"荣誉称号，有1人荣获北京市"党员示范岗先进个人"荣誉称号。

2. 坚持"双向服务"，保持顺畅沟通

北京市建设监理协会作为政府与会员之间的桥梁与纽带，积极发挥其独特的地位和影响力，坚持为企业和政府提供双向服务，不仅维护企业的合法权益，同时与政府保持密切的沟通与联系，为政府决策提供专业建议和意见。

北京市建设监理协会为政府服务主要体现在四个方面：一是坚持协助政府部门传达有关监理工作的指令和要求，协助开展相应管理和协调工作，促进了政府要求在工程监理企业的贯彻和执行。二是积极协助政府部门开展调研工作，为领导决策提供科学依据，如监理单位资质动态、监理工作年报统计、住宅工程质量通病等调研工作。三是积极承担政府主管部门的科研课题。2016年以来，北京市建设监理协会参编或主编国家标准、行业标准、地方标准、团体标准20余部，主持或参与住房城乡建设部、中监协、北京市住房城乡建设委、北京市市场监管局、北京市工程质量安全监督总站等课题研究50余项，出版著作10余部。四是高质量完成政府部门委托的购买服务，如每年两次开展北京援建新疆工程综合检查评估，每月进行城市副中心重点工程的质量安全检查，经常开展副中心重点工程建设的综合检查咨询工作，包括方案评审、工期论证、工程造价咨询、合同条款研讨、设计图纸审核等。

北京市建设监理协会为企业服务主要体现在六个方面：一是积极与政府部门沟通，维护工程监理企业的合法利益。二是加强诚信企业建设，营造健康发展环境。三是开展课题研究，助力企业履职水平提升。近年来，北京市建设监理协会每年完成研究课题6~8项，由协会作为第一主编单位完成的北京市地方标准有6部。四是开展公益讲座，提升监理人员履职水平，坚持每月举办一次行业专家的业务提升讲座，近年来共举办46次，线上线下听讲40余万人次。五是组织"招聘联盟"，开展新生培训。六是组织联创共建活动，提升行业凝聚力。

3. 实行行业贡献绩点考核管理办法，鼓励会员单位参与行业活动

为鼓励会员单位积极参与行业活动，提高监理人员的履职能力和监理工作水平，促进行业健康发展，北京市建设监理协会制定了协会会员行业贡献绩点考核管理办法。该办法自2017年实施以来，取得了良好效果。

绩点考核管理办法是在与会员单位共同协商的基础上，按照北京市建设监理协会有关程序和制度制定实施的。该办法建立了科学的考核指标体系，包括党建活动、社会公益活动、协助政府管理工作、标准编制、课题研究、员工培训、信息宣传、会员活动、其他共九大类指标。协会每半年公布一次考核结果，企业根据结果找亮点查不足，及时改进支持行业发展的措施。协会绩点管理措施得到良性响应。绩点统计成果已成为政府主管部门、相关协会或组织评价工程监理企业的重要参考，也是协会评价诚信监理企业的重要依据。

通过绩点管理办法的实施，北京市建设监理协会不仅提高了会员单位参与行业发展的积极性，也增强了会员单位之间的交流与合作，推动了监理行业整

体管理水平的提高。北京市建设监理协会计划将绩点考核管理办法转化为团体标准。

4. 开展课题研究，建立高效运作的专家团队

北京市建设监理协会以行业发展创新研究和咨询工作实践探索行业转型升级之路，坚持开展行业政策法规、标准规范及行业发展热点课题研究。协会在课题研究工作中，遵循问题导向，坚持深入调研，力求依据完整准确，提炼并推广好做法、好经验，把研究成果的适用性、可操作性和有效转化实施作为课题研究全过程的评价标准。2016年至2024年，协会共主持完成课题研究任务42项，其中住房城乡建设部1项，中监协8项，北京市市场监管局5项，北京市住房城乡建设委22项，协会自立课题6项。课题研究成果会形成政策性建议或政府指导性文件，并能够实现课题成果转化落地。协会主编完成工作标准或培训教材23部，包括：主编北京市地方标准6部，主编中监协团体标准1部，主编北京市监理行业团体标准7部，主编监理行业培训教材12部。

协会于2010年成立"北京市建设监理协会理论研究会"，2017年建立北京监理行业专家库，经过多年深耕，专家队伍不断壮大，日渐成熟，形成了老专家引领、核心专家牵头、全专业类别专家支撑的组织架构。专家库高效运转，为协会课题研究、咨询服务、培训交流等提供了有力支撑和保障，也为行业培养人才、建立人才梯队提供储备。截至2023年底，专家库共吸纳专家约800人，按专业汇总共计1716人次，其中课题研究专家341人，检查评估专家501人，方案审查专家374人，造价咨询专家95人，图纸审核专家193人，消防查验专家119人，安全管理、合约管理等其他专业专家93人。

5. 加强宣传交流，弘扬行业价值

北京市建设监理协会会刊《北京建设监理》由爱新觉罗启骧题字，自1996年创刊以来，已编印340期内部交流月刊。2020年《北京建设监理》编委会完成换届，为促进期刊发展，编委会制定了一系列管理办法和规定，使得期刊质量显著提升。会刊《北京建设监理》见证着行业发展变迁，为行业内部交流提供了广阔平台。

"北京市建设监理协会官网"投入使用以来，及时转发政策文件、规范标准、行业动态、培训信息和协会工作等，始终保持内容更新。2024年，北京市建设监理协会正式开通公众号，以图文并茂的形式报道协会重要工作。公众号的开通进一步丰富了协会的宣传渠道。

会刊、官网、公众号，共同构成了北京市建设监理协会强大的宣传阵地，坚守行业交流使命，弘扬行业价值。

6. 开展诚信评价，加强行业自律建设

北京市建设监理协会为推动本地监理行业诚信体系建设，规范工程监理企业行为，自2013年以来持续开展北京建设行业诚信体系建立工作，并编制了《北京建设行业诚信监理企业评价管理办法》，2024年发布了团体标准《北京建设行业诚信监理企业评价导则》，内容涉及企业管理体系建设、市场经营行为、内部管理行为、行业贡献及社会信用评价5个方面21项内容。诚信监理企业每两年评价一次，评价有效期为两年。

为保证建设行业评价的公平、公正、科学，北京市建设监理协会成立了诚信评价领导小组和诚信评价专家委员会，设定了企业自主申报、初审核查、专家评审、领导小组审定、征求政府主管部门意见、评审结果公示、颁发证书7个评价环节。诚信评价内容覆盖面广，程序严谨，诚信企业公信力高。

北京建设行业诚信监理企业评价得到了政府主管部门的高度关注和大力支持。通过十多年北京诚信监理企业评价活动，工程监理企业充分认识到诚信体系建设和管理的重要性。获得北京市建设行业诚信监理企业称号的企业，可以得到北京市建设监理协会官网和政府主管部门网站等媒体的广泛宣传。诚信监理企业不仅是荣誉，更是对企业诚信经营的肯定，获此殊荣的企业可在提升企业社会影响力，提高企业市场竞争力的同时，促进北京市工程监理行业的健康发展。

为进一步规范北京市工程监理企业及从业人员的行为，树立北京市工程监理行业的良好形象，充分发挥工程监理在工程质量安全保障体系中的重要作用，强化行业自律，北京市建设监理协会编制了北京市监理工作"十不准"，通过对工程监理企业、项目监理机构、监理人员提出相关要求，维护工程监理市场秩序和监理行业社会信誉，提升首都工程监理行业形象。

7. 做好培训工作，提升工程监理人员素质

在2016～2023年间，北京市建设监理协会对专业监理工程师、监理员、安全监理员、见证取样员等开展了极具针对性的培训工作，培训教材更新及时，课程内容丰富，师资力量强大。培训课程全面提升了从业人员的专业知识和实践能力，同时，协会紧跟行业发展新需求，积极开展BIM建模与应用和分户验收等新内容培训，不断丰富学员的专业知识，为行业多元化发展注入新的活力。7年来，北京市建设监理协会共培训近4万人次。

北京市建设监理协会定期举办大型公益讲座，积极宣贯新规范、新标准，近年举办近30期线上或线下公益讲座，培训人数达100余万。协会近几年每年都会组织知识竞赛活动，建立全员学习氛围，点燃青年员工的学习热情。

2023年，北京市建设监理协会受中国建设监理协会委托，会同天津市建设监理协会、河北省建筑市场发展研究会、山西省建设监理协会、内蒙古自治区工程建设协会，共同举办了华北片区个人会员业务辅导活动，通过线上线下相结合的形式，以丰富的培训内容和强大的专家阵容，为会员们开拓了便捷的学习途径，线上听课累计达10余万人次，录课回放月内点击量超过100万人次。

8. 组织行业大型活动，履行社会公益责任

北京市建设监理协会时常组织丰富多彩的行业活动，不仅推动了监理行业的文化建设，也为社会公益事业做出了积极贡献，充分体现了监理行业的社会责任担当。

自2007年起，北京市建设监理协会每年开展"捐资助学 奉献爱心"大型公益活动，为贫困中小学生群体提供支持，体现了监理行业的社会责任担当。该活动持续多年，充分显示了业内企业的责任意识和奉献精神。

北京市建设监理协会组织理事单位负责人参加春季植树造林活动，不仅培养了业内人士的环保意识，也为改善城市生态环境贡献了一份力量。

此外，北京市建设监理协会分别在2018年和2023年两次举办近3500人参加的运动会，不仅增进了会员单位之间的交流，也培养了大家的团队协作精神。同时，协会还组织了1200余人参加的歌咏比赛，丰富了监理行业的文化生活，充分展现了监理人风采。

2.4 北京市工程监理行业发展典型案例

2.4.1 受援疆指挥部委托，检查评估援疆项目建设

按照中央部署，北京市对口支援新疆和田地区一市三县（和田市、和田县、墨玉县、洛浦县）和新疆生产建设兵团第十四师。北京市支援合作工作领导小组新疆和田指挥部在援疆工程中坚持首善标准，"交支票不交责任"，自2017年起持续委托北京市建设监理协会组织专家团队对援疆工程进行综合专业评估，取得了良好效果。

援疆工程建设是政治任务、国家大事，政策性强、标准高，且时间紧、任务重。为此，北京市建设监理协会高度重视，充分准备。一是成立领导小组。会长任总指挥，全面组织协调专家选派、方案制定、工作质量审核及后勤保障工作。

二是优选专家。经会员单位择优推荐，领导小组根据项目施工阶段、专业要求，选择经验丰富、综合能力强的行业专家，组建由副会长为领队的专家团队。三是方案先行。根据援疆和田指挥部要求和项目特点，结合以往经验，组织专家制定详细的综合检查评估方案，主要包括基本建设程序执行情况4项、工程进度情况3项、工程质量7个方面103项、施工安全8个方面154项，制定相应的检查评估表格，并形成针对学校、医院、办公楼、住宅、厂房改造、消防站提升、乡村旅游、红色旅游、市政道路、安居富民房工程等不同使用功能、多种结构类型、全建设周期的检查评估综合方案。四是做好动员，向专家团队讲解援疆工作的重要意义，做好综合评估方案交底，统一检查评估标准，提示工作纪律和注意事项，使专家团队成员深刻认识到援疆工程建设的重要性，增强了团队成员的责任感、使命感和光荣感。

评估专家团队本着客观、公正、科学的工作准则，尊重客观实际，严格执行工程规范、技术标准和设计文件，采用"听、看、查、测、评"等方式对项目进行严格检查评估。首先，评估专家要熟悉图纸，听取参建单位的情况介绍，在此基础上开展现场全方位检查。在评估检查过程中，评估专家采用必要的检测工具对工程实体质量状况进行实测实量，对影响结构安全的钢筋混凝土、砌筑、市政道路等进行现场抽样检测，对工程建设过程中形成的资料和记录进行有针对性的抽查。针对存在的问题，评估专家充分与受检单位管理人员沟通和交流，提出意见和建议。专家团队克服时间紧、任务重、时差大、项目分散、路途劳累等困难，白天检查现场，晚上分析汇总资料，昼夜紧张工作。

施工现场检查评估结束后，专家团队及时整理汇总项目情况，起草综合评估报告和单项工程综合专业评估报告。报告内容包括工程基本情况，主体责任落实，工程质量、安全，工程资料，工程结构实体检测，综合评估意见与建议，综合和专项评估排名等内容。综合评估报告内容客观真实，版面图文并茂，肯定成绩，发现亮点，指出问题，提出建议，既可为政府主管部门决策提供参考，又可作为援疆工程建设提高工程质量安全、促进工程顺利实施的警示材料。

为更好地提高援疆工程建设水平，专家团队针对综合检查评估中发现的共性问题、重大问题或管理薄弱环节，及时组织参建单位、当地政府监管部门相关人员召开反馈交流会和业务培训会，通过反馈交流和培训，提高大家对规范和标准的理解和应用水平，加深相关人员对存在问题危害性的认识，达到了好经验相互借鉴、问题和教训不重犯、相互学习共同提高的目的。

2017年至2024年上半年，北京市建设监理协会共开展援疆建设项目综合专业评估9次，派出专家87人次，检查项目183项，其中交钥匙工程20项、交支票工程145项。安居富民房工程18项。协会向援疆和田指挥部提交综合专业评估报告9本，合计3060页，共计127万字。专家团队为参建企业和当地政府监管部门提供业务培训5次，听课人数达1000余人次。

北京市建设监理协会连续多年的援疆项目综合专业评估工作，获得了北京市政府、援疆指挥部的高度肯定，也赢得了参建单位的尊重。该项工作已成为提升援疆工程建设管理水平的重要举措，有力促进了和田地区相关部门属地责任及各参建单位主体责任的落实，工程质量控制、安全生产管理等方面得到有效加强，北京援疆资金得以安全使用，援疆工程建设管理水平持续提高。

2.4.2 发挥行业专家作用，为城市副中心建设提供咨询服务

北京市"十三五"建筑业发展规划将通州副中心建设纳入国家发展战略。按照北京市委提出"规划建设北京城市副中心，是疏解非首都功能、推动京津冀协同发展的历史性工程"的工作部署，为了进一步提升北京城市副中心行政办公区工程建设管理水平，提升城市副中心工程建设品质，受北京城市副中心行政办公区工程建设办公室（以下简称"城市副中心工程办"）委托，北京市建设监理协会开展了技术咨询和辅助监管工作。

2018年底，城市副中心工程办与北京市建设监理协会签订框架协议，就以下内容开展合作：一是技术咨询，协会专家参与专家论证和专项咨询工作；二是辅助监管，协会专家对工程现场质量安全状况及各方主体履职行为进行检查评估，定期提出总结报告供城市副中心工程办决策参考；三是培养青年骨干，协会推荐青年专业工程师到城市副中心工程办参与管理工作；四是适时试点全过程工程咨询，为监理行业开展全过程工程咨询总结积累经验；五是推广工程电子档案，建立非密工程质量安全电子信息库，实时掌握现场进度、质量、安全等相关信息。

自2019年起，北京市建设监理协会与城市副中心工程办签订工程建设咨询服务合同，为城市副中心重点工程建设提供技术咨询和辅助监管服务。2019～2021年，协会推荐3名青年骨干到城市副中心工程办参与工程建设管理，要求青年人不仅要精业务，还要懂管理。

城市副中心工程建设规模大、周期长、时间紧、标准高。随着工程建设的推进，城市副中心工程办越来越多的职能部室提出了专家需求，从最初的工程管理、质量管理部门，逐步扩大到规划设计、招标合同预算、建材科技、信息化建设、财务审计等多个管理部门。咨询任务体现出发布频率高、组织形式多样、针

对性强、要求专家级别高、涉及专业细而全的鲜明特点。2021年，城市副中心一期工程交付，二期工程开始实施，当年共发布任务52次，派出专家389人次。其中，一期工程结算研讨及二期工程深化设计、施工方案评审、专项技术要求研讨、材料供应商考察等专项技术咨询26次；二期市级重大工程定期检查和分项工程专项评估等辅助监管26次。二期工程施工初期，需要对施工质量安全给予更多关注，平均每月发布2次以上现场检查评估任务，专家专业涉及钢结构、幕墙、设备安装、信息化、工程资料等细化类别。2023年，二期工程建设进入关键阶段，当年共发布任务58次，派出专家512人次，其中设计优化评审、施工方案论证、新材料应用论证、绿建方案评审、新建设组织方式研讨等专项技术咨询任务45次，市级重大工程定期检查和专项评估等辅助监管任务13次。为工程顺利实施，任务集中在设计优化、施工方案评审、专项措施优化、绿建控制、进度和造价控制等专项技术咨询服务，要求专家层次高，要站在更高角度、以更严格的标准对城市副中心工程建设给予指导。

根据城市副中心工程建设需要，北京市建设监理协会依需定供，积极谋划，精心组织，不折不扣地完成了委托方交办的任务。一是以满足需要为导向，进一步丰富专家库。在原有科研、检查评估、识图、消防验收、师资等专家分库的基础上，细化出钢结构、幕墙、设备安装、市政道桥、合同管理、投资控制等专业库；与在京大型施工、设计、咨询等单位建立联系，以补充园林景观一体化、网络安全、智能楼宇、EPC项目全过程管控、法律等专家空缺；加强与部分编制相关国家规范、地方标准的顶层专家的良好沟通。对专家库的精细化管理和有效补充，基本满足城市副中心工程办的咨询任务要求。二是做好资料管理。工作过程中，协会要求对每份工作报告做好收集、审查和提交，对当月工作成果做好整理、汇编和保存，确保专家工作成果可追溯。三是规划费用管理。严格按照政府财政预算管理规定和合同要求，负责审核专家资质、制定活动方案；收集、整理工作通知、工作成果、专家信息等资料，形成月度结算审核资料，提交相关部门审核；按照专家工作记录据实、按标准、及时支付专家费，配合相关部门做好行政办公预算评审工作。四是密切联系。协会确定项目负责人，建立城市副中心工程办、协会、专家三方对接机制，任务发布、组织协调、提供服务工作流程顺畅，遇问题及时沟通、协调和解决，为提高工作效率提供了有力支撑。

自北京市建设监理协会为城市副中心工程办开展咨询服务以来，共派出专家1664人次，技术咨询158次，辅助监管62次，出具报告或专家意见300余份，为进一步提升城市副中心工程建设品质做出了应有贡献，得到了城市副中心工程办领导的充分肯定。合作4年来，协会兢兢业业，一心一意为委托方提供服务，双方已建立充分信任且默契的合作关系。下一步，协会将继续按照城市副中心工程办的要求做好服务工作，为城市副中心工程建设保驾护航。

2.4.3　协助政府监管检查，为工程质量安全保驾护航

1. 监理履职检查

2016年开始，市住房城乡建设委为落实年度工程管理工作要点，切实发挥工程监理"三控两管一协调"及安全监督的职责作用，每年上半年和下半年各组织开展一次全市工程监理专项监督检查，每次检查24~30个在建工程项目的监理单位，检查项目从市住房城乡建设委房屋建筑和市政基础设施工程安全质量状况评估信息平台测评平台中随机抽取，基本涵盖全市16个行政区，项目类型既包括政策性住房、商品住宅，也包括公建、商业、研发厂房，以及装修改造、市政基础设施等项目。被检查的监理单位以北京市工程监理单位为主，兼顾外地进京监理单位。

每次检查分4~5组，每个检查组均由市住房城乡建设委相关科室领导作为组长带队，北京市建设监理协会选派5名相关专业的行业专家作为组员，被检查项目所在行政区的住房城乡建设委负责人也须参加。每天上午和下午各检查一个项目，复杂项目或偏远项目每天检查一个项目，对存在严重问题的项目当场作出处罚，并对典型问题项目的监理单位进行约谈或通报。检查内容包括项目监理机构人员情况，监理工作策划、方案审批情况，材料、构配件和设备报验情况，施工质量控制情况，安全生产监理工作情况，进度和投资控制情况，监理资料情况及监理单位支持与考核情况等8方面50项内容，据此在《监理单位履职情况专项检查评分表》中进行打分排名。

从近些年检查的总体情况来看，多数项目监理机构人员配备基本满足《北京市房屋建筑和市政基础设施工程监理人员配备管理规定》（京建法〔2019〕12号）相关要求，监理工作开展情况总体良好，部分外地单位也表现出较高的监理工作水平。但也有部分项目存在较多问题，相应监理单位的履职能力有待提高。以2024年上半年为例，检查组共检查28个项目，发现问题704项，其中，监理工作策划、方案审批方面的问题占比15%，材料、构配件和设备进场检验方面的问题占比13%，施工质量控制方面的问题占比21%，安全生产监理工作方面的问题占比23%，监理资料方面的问题占比11%。从存在的问题来看，不同监理单位、不同项目监理部的履职水平差异较大，个别外地进京监理单位不了解北京市对工程监理的规定和要求，监理履职走过场，在工程质量安全管理方面存在较多事故隐患。

检查组通过定期对监理单位进行履职检查，有效督促了监理单位遵规守纪，诚信经营，一定程度上净化了监理市场，有利于监理行业提升服务水平和健康发展。

2. 防水专项检查

近三年来，北京市住房城乡建设委组织了住宅工程防水质量自查，各监理企业上报自查报告。2023年7月北京市住房城乡建设委印发了《北京市住房和城乡建设委员会关于建立监理单位组织开展在施住宅项目防水工程质量常态化排查工作机制的通知》，建立了监理防水常态化排查检查机制，同年11月有关部门进行了住宅工程防水专项检查，覆盖15个区48个在施项目。这项检查分5个检查小组，市住房城乡建设委执法人员担任组长，协会派出3名专家担任组员。检查按照工程监理企业和项目监理部分别积分，汇总成总分并进行排名，项目无渗漏投诉且排名前三分之二的企业给予信誉分奖励。

3. 住宅工程质量专项检查

近年来，市住房城乡建设委组织住宅工程质量专项检查，北京市建设监理协会承办。每年抽取24个项目，覆盖全市16个行政区。其中保障性住房项目15个，商品住宅项目9个；处于主体结构施工阶段的项目15个，处于装饰装修阶段的项目9个。检查组由市住房城乡建设委执法人员带队，协会派出3名专家担任组员。检查组对钢筋、混凝土、装配式结构、防水、屋面、装饰装修、机电安装等分部分项工程及实体质量进行检查，并对驻厂监理、质量分级管控、影像资料留存、防水和渗漏防治指南等制度落实情况进行核查。以2023年为例，检查共发现问题558项，其中建设单位首要责任问题30项，工程实体质量问题288项，主体质量行为问题111项，监理单位履职问题129项。

4. 定期参与执法检查工作

为补充政府工程质量监管的专业力量，北京市工程质量监督总站邀请监理行业专家定期参与监督组的日常监管工作，北京市建设监理协会已将推荐专家名单报监督总站，并将进行专门培训，并于2025年开始定期参与执法检查工作。

2.4.4 参与地铁等重点工程建设，充分发挥工程监理作用

2016年以来，在《京津冀协同发展规划纲要》《北京城市总体规划（2016—2035年）》《北京市"十四五"时期交通发展建设规划》等一系列重要规划的指引下，北京市区域综合交通系统取得长足进步，尤其是城市轨道交通实现大发展、大跨越，路网总里程由574公里发展到836公里，增幅达45.6%；车站由345

座增至463座，运营线路由19条增至27条，涵盖地铁、轻轨、磁悬浮、有轨电车等多种制式，线路覆盖12个行政区和亦庄经济开发区。随着路网规模不断扩大，结构持续优化，线路通达性和便利性得到大幅提升，轨道交通在城市发展中的作用更加凸显。北京市城市轨道交通总规模已跃居世界前列，北京市用较短时间完成了国际上其他城市百余年的建设历程，创造了世界城市轨道交通建设史上的奇迹。

在城市轨道交通工程建设中，监理单位作为建设主体的一方贯穿工程建设全过程，通过事前、事中、事后管理，有效规范参建单位的建设行为，采取审查、巡视、旁站、平行检验、见证、检查验收等方式，在安全管理、质量控制、分部分项验收及单位工程验收等方面发挥了作用，保证了城市轨道交通工程的顺利实施。

结合城市轨道交通项目建设周期长、建设环境复杂、安全管理压力大、环保要求高且专业性强、技术难度极大等特点，监理工作更需突出安全、质量、工期、环保、科技、效益"六位一体"全面管控，针对项目实施中人机料法环等具体情况，科学动态地做好事前、事中、事后管控，全面落实全过程标准化、精细化管理，采取样板引路、首件验收、检查督导、闭环管理、验收移交等措施，组织参建单位共同打造安全质量的优质工程、绿色环保的样板工程、进度成本的示范工程，共同实现优质履约，推进轨道交通行业健康发展。

始终坚持"安全第一、预防为主、综合治理"方针，细化"风险源清单"，严格监督落实施工单位安全生产主体责任，通过"管控前移、监督下移、方案可行、措施到位"聚焦现场，加强隐患排查整治，严格监督盯控关键部位、关键工序、关键人员，认真检查风险集中、人员密集等隐患，督促落实交底实效，督促建立健全应急机制、监测预警机制、应急联动机制，强化应急支撑保障，确保安全。督促落实"超前策划、样板引路、过程管控、一次成优"的管理思路，督促参建单位健全质量保证体系，完善质量管理制度，坚持隐检验收实测实量，减少质量通病，保证工程实体质量。

2.4.5　坚持高标准要求，出色完成城市副中心项目监理工作

建设北京城市副中心，是以习近平总书记为核心的党中央作出的重大决策部署，是北京建城立都以来具有里程碑意义的一件大事，对新时代北京的发展是一个重大机遇。2017年2月24日，习近平总书记视察北京城市副中心建设时作出重要指示："站在当前这个时间节点建设北京城市副中心要有21世纪的眼光，规

划、建设、管理都要坚持高起点、高标准、高水平，落实世界眼光、国际标准、中国特色、高点定位的要求。要加强主要功能区块、主要景观、主要建筑物的设计，体现城市精神，展现城市特色，提升城市魅力。"各参建单位在北京城市副中心工程办的统一指挥下，严格贯彻落实总书记指示精神，做到了以最先进的理念、最高的标准、最好的质量推进城市副中心规划建设。

北京城市副中心一期工程已全部获得中国建筑工程鲁班奖，二期工程也于2023年全部竣工交付，正在准备资料申报鲁班奖。在北京城市副中心各项工程的监理过程中，各监理单位坚持实行"精细化预控管理"的工作方法，突出"预控管理"的指导思想，采取"制度先行、指导施工、重在落实"的质量管理方针，要求总包单位提前编制工程质量管理关键工序一览表，明确质量标准，组织开展了施工工艺样板、首件（首段）验收等，施工工艺样板及首件（首段）验收合格后，方可大面积开展施工，最终在城市副中心工程办的带领下，实现了高起点、高标准、高水平的建设目标。

北京城市副中心行政办公区工程普遍具有体量大、难度高、工艺复杂等特点。各项成绩的取得凝结着所有参建单位的辛勤付出和智慧汗水，特别是二期工程建设，在总结一期项目建设的基础上，实行以EPC工程总承包为主导的合同制管理模式，并推动建筑师负责制落地实施，项目引入了工程设计监理，探索将监理的职能从施工阶段延伸拓展至设计阶段，在实施过程中，各监理单位抽调精兵强将，组成了设计监理团队，对施工图进行了专项审查，通过自查、互查、整改提升等环节，提出了功能优化、造价控制、深度提升、专业交圈、规范适用、标准统一等共计上千条图纸修改建议；在节约工程投资方面，在保证满足规范标准要求和使用功能的情况下，设计监理从结构设计、材料选用等方面提出了优化建议，共节约投资超过千万元；另外，设计监理重点从标准规范的符合性、特殊房间的结构设计、缺项漏项情况等方面提出了意见和建议，设计单位根据意见进行了修改，既减少了质量安全隐患，也避免了后期拆改，极大提升了行政办公区二期工程项目施工图设计质量，保障了办公区的结构安全和使用功能，为工程顺利推进打下了坚实的基础。其中，对标国际一流标准设计、建设的行政办公区二期160地块2号楼，是全国首个"钢结构+全幕墙系统"的"双零"建筑，成为推动北京城市副中心"双碳"工作走在全市前列的典范和样板，向全国乃至世界展示了一种全新的零碳建筑形式。

创新工程管理模式，落实监理的驻厂监造、巡查监造制度。在做好设计监理工作的同时，各监理单位积极响应北京城市副中心工程办要求，高质量推进工程项目建设，二期工程各项目累计监造钢构件9.2万吨，监造混凝土67.9万立方米，累计驻厂8233人日，钢构件和混凝土实现100%驻厂监造，钢构件质量缺陷和混凝土试块问题明显减少，项目建材管理由"被动"变为"主动"，最大限度地保障了建材供应计划落实。经测算，监造费用占监理费用的比例不足2%，真正达到了"花小钱办大事"的效果。

坚持创新驱动，用科技创新引领高水平监理工作。北京城市副中心行政办公区建设作为首都建设事业的大舞台，各参建监理单位积极投身其中，不断攻坚克难，科技创新成果不断涌现，一项项硬核技术纷纷落地。二期工程推进"一模到底"的全过程BIM应用，目前，二期工程已全部通过"北京市BIM示范工程"中期验收，取得各类BIM大赛奖项58项。北京城市副中心行政办公区已有19个项目获评绿色建筑设计三星标识，二期工程七个项目已全部通过北京市科技示范工程验收。各参建监理单位勇挑重担、攻坚克难，高起点、高标准、高水平圆满完成了各项监理任务，用创新的管理手段和先进的专业技术为行业的发展和北京城市副中心的高质量建设贡献了力量。

2.4.6 组建"招聘联盟"，面向高校招聘毕业生

北京市建设监理协会面对会员单位招不到理想毕业生的困境，面对几年前"最难毕业季"、新毕业生就业困难的局面，在会员单位范围内发起成立了新毕业生"招聘联盟"，提出对专业对口的国内应届本科毕业生"能收尽收，应收尽收"，30余家会员单位先后加入"招聘联盟"，由一名副会长带队走进校园，开启了全新的校招模式。

自2022年在两所高校秋招初试成功后，北京市建设监理协会组织校招联盟成员单位继续发力，大规模、高频次地开展了2023年春招活动，组织联盟成员企业先后奔赴沈阳、吉林、北京和石家庄等地，走进沈阳建筑大学等六所知名建筑类高校进行现场招聘。每到一处，招聘团队都带着满满的诚意和对人才的渴望，与高校师生进行深入交流。2023年春招活动取得了令人瞩目的成绩，联盟企业共收到六所高校应届毕业生简历2000余份，最终录取毕业生389人。这个数字与企业独立招聘仅有几人的尴尬效果形成了鲜明对比，而且新生素质逐年提升，充分彰显了联盟的优势。"招聘联盟"不仅为企业解决了人才短缺的难题，也为应届毕业生提供了更多的就业机会和广阔的发展空间。

为确保招聘活动的顺利进行，北京市建设监理协会超前谋划、精心组织，积极与各高校联系，充分沟通，做到早策划、早准备、早宣传。协会提前与高校沟

通，了解学校的专业设置、就业方向、学生心态以及师生对监理行业的认知情况，为后续的宣传和招聘工作打下了坚实的基础，使得招聘活动更加有针对性和实效性，大大提高了招聘的成功率。

进校后，协会又与各高校主管学生就业的负责人进一步沟通，深入了解学校的具体情况。针对高校师生对监理行业几乎不了解的实际情况，"招聘联盟"采取创新的宣传策略，先宣传行业，再宣传企业，通过"工程建设高质需求、建设监理前景广阔、建设监理大有可为、北京企业助您圆梦"四方面的宣讲，让广大师生对工程监理行业有全新的认识。在宣讲过程中，联盟不仅介绍工程监理行业的重要性和发展前景，还展示了北京市工程监理企业的实力和优势。为了增强宣传力度，联盟还邀请了部分企业领导作为资深校友进行现场宣讲。这些校友以自己的亲身经历讲述了监理行业的魅力和机遇，激发了学生们对监理行业的兴趣和热情。这些宣传工作在一定程度上改变了教师对工程监理仅仅是"质量监工"的认知，填补了学生们对工程监理行业的认知空白，使师生们认识到工程监理行业是智力密集型、工程建设全过程综合性服务行业，国家高质量发展需要监理行业，选择监理行业特别是北京市工程监理企业，会有更多的发展机遇和更大的发展空间。

北京市建设监理协会还与各高校就业中心负责人就加强行业宣传、专家授课、学生实习、课题研究等方面如何进一步开展高校与协会合作、与企业合作进行了积极探讨。通过这些探讨，双方达成了广泛共识，为未来校企合作奠定了良好基础。校企合作不仅可以为学生提供更多的实践机会和就业渠道，也可以为企业培养更多的专业人才，实现共赢发展。北京市建设监理协会通过"招聘联盟"这一平台，积极推动校企合作，为工程监理行业可持续发展注入了新的活力。

北京市建设监理协会"招聘联盟"的成立和发展具有重要意义。首先"招聘联盟"为工程监理行业后续发展注入了新的活力，解决了企业人才短缺难题，为行业发展提供了强有力的人才支撑。其次，"招聘联盟"充分展现了北京市建设监理协会在校企合作、人才培养方面的积极作用，提升了协会的影响力和凝聚力。同时，"招聘联盟"也为高校毕业生提供了更多的就业机会和发展空间，促进了社会的稳定和发展。

北京市建设监理协会"招聘联盟"的校园招聘活动是一次成功的探索和实践，为工程监理行业的发展带来了新机遇，也为校企合作提供了新的思路和模式。

第 3 章

上海市工程
监理行业发展概况

"十三五"以来，上海市工程监理行业取得了较快发展。截至2023年底，上海市有工程监理资质的企业361家，参与统计的工程监理企业284家。相较于2016年，上海市工程监理业务合同额累计增长41.02%，工程监理营业收入累计增长48.67%。截至2023年底，全市共有注册监理工程师13005人，相比2016年翻了一番。与此同时，上海市工程监理企业人均产值逐年增长，居全国领先水平；工程监理企业多元化发展趋势明显，综合服务能力显著提升；工程监理业务收入全国前百名企业数量较多，高素质人才逐年增长，人才结构不断优化。

3.1 上海市工程监理企业及从业人员规模

3.1.1 上海市工程监理企业规模

1. 企业资质分布

2023年上海市参与统计的284家工程监理企业中，主营房屋建筑工程监理企业数量最多，有189家，占总数的66.55%；其次是主营市政公用工程监理企业，有52家，占总数18.31%；这两类工程监理企业数量占上海市工程监理企业总数的84.86%。而当年主营机电安装、矿山、公路、农林工程等四个专业企业数量均为零。2023年上海市工程监理主营业务专业分布见表3-1。

2023年上海市工程监理主营业务专业分布　　　　　　　　　表3-1

主营业务领域	工程监理企业数量	占工程监理企业总数比例
房屋建筑工程	189	66.55%
市政公用工程	52	18.31%
水利水电工程	13	4.58%
电力工程	11	3.87%
化工石油工程	5	1.76%
港口与航道工程	5	1.76%
通信工程	4	1.41%
铁路工程	3	1.06%
航天航空工程	1	0.35%
冶炼工程	1	0.35%
机电安装工程	0	0%
矿山工程	0	0%

主营业务领域	工程监理企业数量	占工程监理企业总数比例
公路工程	0	0%
农林工程	0	0%

2. 主营业务专业分布

对于2023年参与统计的284家上海市工程监理企业，监理业务收入在1亿元以上的企业中，数量最多的是房屋建筑工程专业领域的企业，2023年人均监理产值为28.19万元；对于电力工程专业领域的企业，人均监理产值最高，达207.58万元。2023年上海市不同主营业务的监理企业数量及人均产值见表3-2。

2023年上海市不同主营业务的监理企业数量及人均产值　　　　　　表3-2

主营业务领域	监理业务收入在1亿元以上的企业		全行业工程监理企业	
	企业数量 （家）	人均监理产值 （万元）	企业数量 （家）	人均监理产值 （万元）
电力工程	1	207.58	11	42.96
房屋建筑工程	12	28.19	189	26.12
市政公用工程	7	31.39	52	30.12
水利水电工程	0	—	13	31.17
铁路工程	3	27.43	3	27.43
冶炼工程	1	26.62	1	26.62
港口与航道工程	0	—	5	39.03
航天航空工程	0	—	1	41.75
化工石油工程	0	—	5	20.41
通信工程	1	65.68	4	53.92

3.1.2 上海市工程监理从业人员规模

1. 从业人员及工程监理人员数量

2016～2023年，上海市工程监理企业从业人员数量总体上不断增长，从2016年的45929人增至2023年的65908人，累计增长43.50%。与此同时，2016～2023年上海市工程监理人员累计增长17.13%，但增长率呈现先升后降的趋势，特别是2021年以后增幅大大降低，增长率从2021年的13.93%跌至2022年的-1.25%，

2023年的增长率也仅为0.03%，这与工程监理合同额变化趋势基本一致。2016～2023年上海市工程监理企业从业人员数量及增幅如图3-1所示。

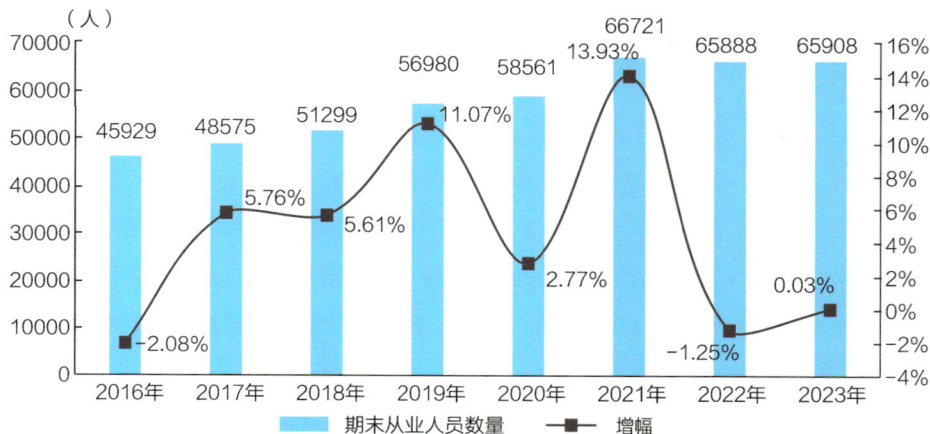

图3-1 2016～2023年上海市工程监理企业从业人员数量及增幅

2016～2023年，上海市工程监理企业监理人员数量占从业人员总量的比例总体上呈逐年下降趋势，从2016年的75.49%降至2023年的61.62%。这也从侧面说明上海市工程监理企业业务在多元化发展。2016～2023年上海市工程监理企业监理人员数量、增幅及占从业人员总数的比例如图3-2所示。

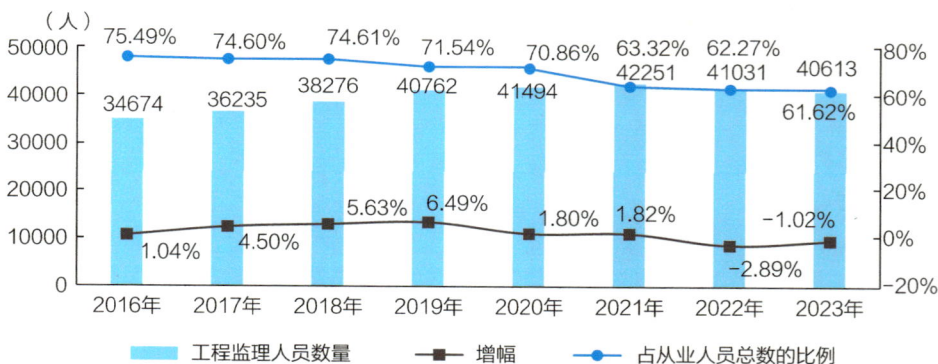

图3-2 2016～2023年上海市工程监理企业监理人员数量、增幅及占从业人员总数的比例

"十三五"以来，上海市工程监理企业30岁以下人员比例虽然总体保持在20%以上，但呈下降趋势，从2016年的23.50%下降至2023年的22.60%，这也从侧面反映出上海市工程监理行业的吸引力有待进一步提升。2016～2023年上海市工程监理企业30岁以下从业人员数量及占从业人员总数的比例如图3-3所示。

图3-3　2016～2023年上海市工程监理企业30岁以下从业人员数量及占从业人员总数的比例

2. 专业技术人员分布

上海市工程监理企业专业技术人员总数从2016年的38544人增至2023年的53386人，7年间累计增长38.51%，其中，高级职称人员累计增长85.37%，中级职称人员累计增长35.30%，初级职称人员累计增长7.13%，专业技术人员结构在持续优化。2016～2023年上海市工程监理企业专业技术人员职称情况见表3-3。

2016～2023年上海市工程监理企业专业技术人员职称情况　　　　表3-3

年份	总数	高级职称人数	中级职称人数	初级职称人数	其他
2016	38544	4969	15082	10382	8111
2017	40167	5804	16186	10460	7717
2018	42808	5990	17305	10513	9000
2019	46456	6157	17754	11153	11392
2020	46654	6322	17488	11124	11720
2021	52796	8222	20522	12477	11575
2022	54195	8941	20966	12603	11685
2023	53386	9211	20406	11123	12646

2016～2023年上海市工程监理企业专业技术人员数量整体呈上升态势。专业技术人员占从业人员总数的比例从2016年的83.92%波动下降至2023年的81.00%。2016～2023年上海市工程监理企业专业技术人员数量、增幅及占从业人员总数的比例如图3-4所示。

图3-4　2016～2023年上海市工程监理企业专业技术人员数量、增幅及占从业人员总数的比例

3. 注册监理工程师情况

2016～2023年，上海市工程监理企业注册监理工程师数量及其在监理人员中的占比呈增长态势。2016年，上海市注册监理工程师数量为6816人，占监理人员的比例为19.66%。在此之后，上海市注册监理工程师数量稳步增长，2023年注册监理工程师数量达到13005人，相较于2016年几乎翻了一番，占监理人员总数的比例达到32.02%。2016～2023年上海市工程监理企业注册监理工程师数量、增幅及占从业人员总数的比例如图3-5所示。

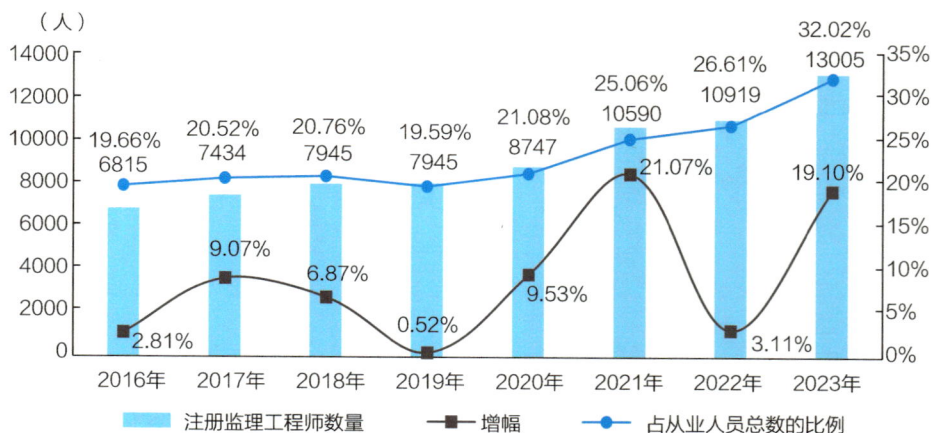

图3-5　2016～2023年上海市工程监理企业注册监理工程师数量、增幅及占从业人员总数的比例

3.2 上海市工程监理企业承揽业务及经营收入

3.2.1 承揽业务合同额

分析2016～2023年上海市工程监理企业承揽业务合同额，呈现出以下特点。

1. 工程监理业务量显著增长，但监理业务合同额增速远低于总合同额增速

近年来，上海市工程监理企业承揽业务量显著增长，2023年承揽业务合同额为865.95亿元，是2016年186.92亿元的4.63倍。其中，工程监理业务合同额从2016年的91.59亿元增至2023年的129.16亿元，累计增长41 02%。但同时也应看到，工程监理业务合同额增长率远低于总合同额增长率。近年来，上海市工程勘察设计、工程施工和其他服务业务猛增，尤其是工程勘察设计合同额增长了10倍之多。这些数据说明近年来上海市工程监理行业在多种业务融合发展，但同时也说明有更多工程勘察设计、施工企业在不断进入工程监理行业。2016～2023年上海市工程监理企业承揽业务合同额见表3-4。

2016～2023年上海市工程监理企业承揽业务合同额（单位：亿元）　　表3-4

年份	合同额总计	工程监理	勘察设计	招标代理	工程造价咨询	工程项目管理咨询	全过程工程咨询	工程施工	其他服务
2016	186.92	91.59	12.13	4.35	5.52	47.54	—	—	25.79
2017	212.55	107.08	13.83	5.96	6.73	31.33	—	—	47.62
2018	224.24	108.04	16.36	5.81	7.82	18.08	—	34.82	33.31
2019	537.27	119.92	24.24	6.71	9.91	18.17	—	211.31	147.01
2020	672.03	129.62	26.95	6.93	11.75	21.85	—	236.06	238.87
2021	840.63	133.48	125.39	7.21	12.39	22.48	8.04	449.14	82.5
2022	864.95	124.9	121.6	6.59	12	25.73	10	433.57	130.56
2023	865.95	129.16	134.9	6.53	13.53	25.47	11.02	453.98	91.36

2. 工程监理合同额增速放缓，全过程工程咨询合同额不断增长

与2016年相比，2023年上海市工程监理合同额累计增长41.01%。其中，2020年以来增长速度显著放缓，2022年首次出现较大幅度下降，同比萎缩6.43%。值得注意的是，自2021年全过程工程咨询合同额纳入统计以来，上海市工程监理企业全过程工程咨询业务连年增长，2022年同比增长24.38%，2023

年同比增长10.20%，这些数据反映出市场对综合性、多元化服务的强烈需求。2016～2023年上海市工程监理企业监理合同额如图3-6所示。

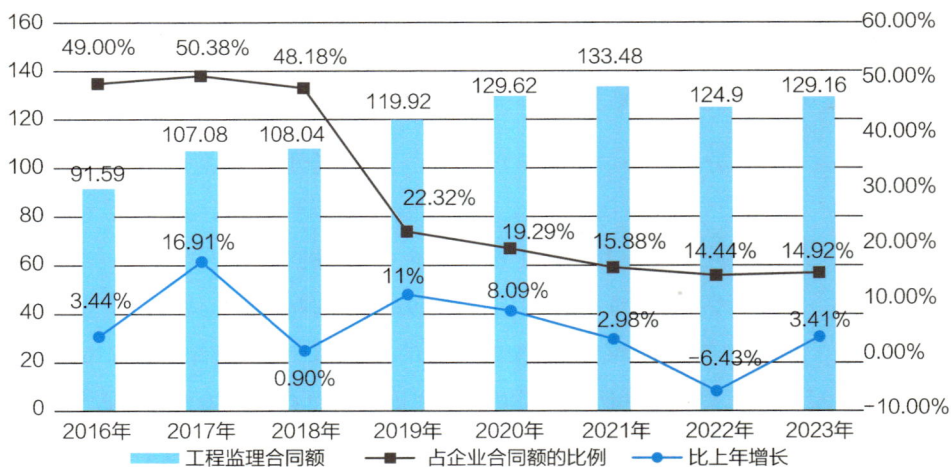

图3-6　2016～2023年上海市工程监理企业监理合同额

3.2.2 经营收入

分析近年来上海市工程监理企业经营收入情况，呈现出以下特点。

1. 工程监理企业经营总收入增长明显，监理业务收入也在增长

"十三五"以来，上海市工程监理企业营业总收入增长明显，2023年为601.44亿元，是2016年175.61亿元的3.42倍。其中，监理业务收入从2016年的75.81亿元增至2023年的112.71亿元，累计增长48.67%。由于工程勘察设计、工程施工和其他服务业务的激增，监理业务收入增长率大大低于总营业收入增长率。值得一提的是，2023年工程监理企业总营业收入同比增长17.39%，除工程监理和全过程工程咨询外，其他业务均有两位数同比增长率。2016～2023年上海市工程监理企业营业收入见表3-5。

2016～2023年上海市工程监理企业营业收入（单位：亿元）　　　　表3-5

年份	营业收入总计	工程监理	勘察设计	招标代理	工程造价咨询	工程项目管理咨询	全过程工程咨询	工程施工	其他服务
2016	175.61	**75.81**	19.80	4.62	5.50	19.62	—		50.26
2017	214.27	**78.76**	19.53	6.24	6.04	27.47	—	—	76.23
2018	198.59	**84.94**	21.57	5.88	7.69	27.96		16.76	33.79
2019	317.85	**97.92**	26.61	7.20	8.02	13.43		102.10	62.57
2020	418.50	**102.05**	24.98	6.71	12.85	13.38		136.40	122.13

续表

年份	营业收入总计	工程监理	勘察设计	招标代理	工程造价咨询	工程项目管理咨询	全过程工程咨询	工程施工	其他服务
2021	529.14	**110.61**	74.93	7.54	14.76	17.19	3.31	269.00	31.80
2022	512.32	**103.83**	79.31	5.83	13.03	17.32	3.16	254.66	35.18
2023	601.45	**112.71**	93.90	6.82	14.39	19.60	3.42	283.83	66.78

2. 工程监理业务收入占比逐步下降，工程监理企业在多元化发展

与2016年相比，2023年上海市工程监理企业监理业务收入累计增长48.67%，但其占经营业务总收入的比例总体呈下降趋势，从2016年的43.17%降至2023年的18.74%，尤其是2018年以来连年下降。这些数据反映出上海市工程监理企业多元化发展越来越显著。2016～2023年上海市工程监理企业监理业务收入如图3-7所示。

图3-7 2016～2023年上海市工程监理企业监理业务收入

3.2.3 人均产值及费率

分析近年来上海市工程监理企业人均年产值及费率，呈现出以下特点。

1. 工程监理企业人均年产值逐年提升

上海市工程监理企业监理业务人均年产值（监理业务收入/监理人员）从2016年的21.86万元增至2023年的27.75万元，累计增长26.94%。2023年上海市年度监理业务收入在1亿元以上的工程监理企业人均监理年产值28.84万元，相较于2016年的22.51万元，累计增长28.12%。2016～2023年上海市工程监理企业监理业务人均年产值如图3-8所示。

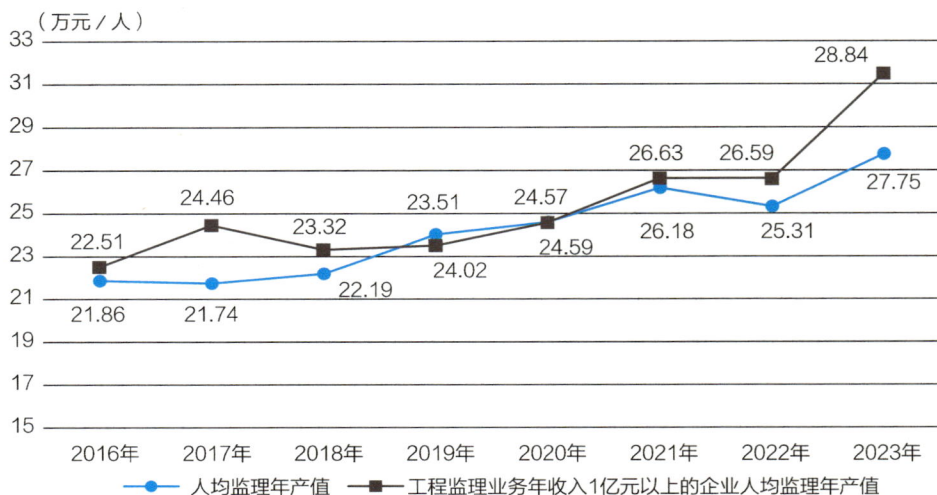

图3-8　2016～2023年上海市工程监理企业监理业务人均年产值

2. 不同专业领域工程监理业务人均年产值差异大

2023年上海市工程监理企业监理业务人均年产值为27.75万元，其中通信工程因其专业性较强，未形成充分竞争，其工程监理企业人均监理年产值达53.92万元，排在各类专业领域首位；其次是电力工程，人均监理年产值为42.96万元；而企业数量占比最多的房屋建筑工程和市政工程监理企业的人均监理年产值则分别为26.12万元和30.12万元。

另外，在2023年，监理业务收入在1亿元以上的工程监理企业中，主营业务为房屋建筑工程和市政工程监理企业的人均监理年产值分别是28.19万元和31.39万元，相较于行业平均值并未凸显大型监理企业的优势。而人均产值最高的是主营电力工程和通信工程的监理企业，分别为207.58万元和65.68万元；尤其是主营业务为电力工程专业的大型监理企业，人均产值比行业平均值高164.62万元，优势极为明显。2023年上海市不同专业领域工程监理企业数量及监理业务人均年产值见表3-6。

2023年上海市不同专业领域工程监理企业数量及监理业务人均年产值　　　表3-6

主营业务专业	全行业工程监理企业		监理业务收入在1亿元以上的企业	
	企业数量（家）	人均监理年产值（万元）	企业数量（家）	人均监理年产值（万元）
电力工程	11	42.96	1	207.58
房屋建筑工程	189	26.12	12	28.19

续表

主营业务专业	全行业工程监理企业		监理业务收入在1亿元以上的企业	
	企业数量（家）	人均监理年产值（万元）	企业数量（家）	人均监理年产值（万元）
市政公用工程	52	30.12	7	31.39
水利水电工程	13	31.17	—	—
铁路工程	3	27.43	3	27.43
冶炼工程	1	26.62	1	26.62
港口与航道工程	5	39.03	—	—
航天航空工程	1	41.75	—	—
化工石油工程	5	20.41	—	—
通信工程	4	53.92	1	65.68

3. 工程监理企业监理费率逐年下降

上海市工程监理业务平均费率（监理合同额/监理项目投资额）从2016年的0.81%降至2023年的0.42%，累计下降48.15%。其中，监理收入1亿元以上的企业工程监理平均费率由2016年的0.62%降至2023年的0.35%，累积下降43.55%。随着工程监理企业数量的不断增加，监理市场同质化竞争更为激烈，从而导致工程监理费率下降。2016～2023年上海市工程监理企业监理业务平均费率如图3-9所示。

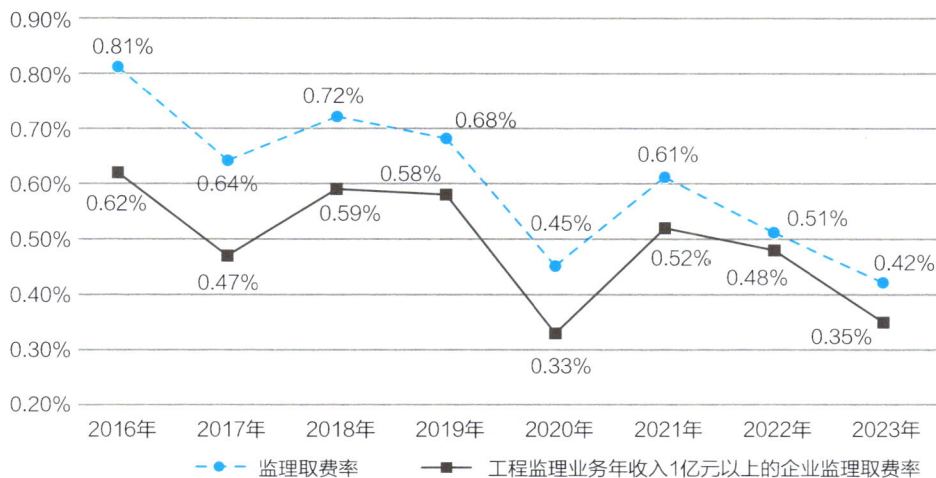

图3-9　2016～2023年上海市工程监理企业监理业务平均费率

3.3　上海市工程监理行业发展及协会工作

3.3.1　行业发展特点

1.　2023年工程监理业务规模创历史新高，工程监理人均产值逐年增长

与2016年相比，2023年全国工程监理企业监理合同额累计增长44.57%，但自2021年起，全国工程监理企业监理合同额连续三年呈现负增长，增速分别为-2.87%、-2.24%和-1.58%。上海市工程监理业务合同额从2016年的91.59亿元增至2023年的129.16亿元，累计增长41.02%。2023年上海市工程监理企业承揽的监理业务合同额增速和监理业务收入增速分别为3.41%和8.55%，分别超过全国平均水平4.99个百分点和8.62个百分点。2023年上海市工程监理企业承揽的监理合同额及实现的监理业务收入均创历史新高。

全国工程监理企业人均监理产值从2016年的15.41万元增至2023年的19.42万元，累计增长26.02%。上海市工程监理企业人均监理产值（监理业务收入/监理人员）从2016年的21.86万元增至2023年的27.75万元，累计增长26.94%。与此同时，上海市年度监理业务收入在1亿元以上的企业人均监理产值从2016年的22.51万元增至2023年的28.84万元，累计增长28.12%。从统计数据可以看出，全国各地工程监理企业人均监理产值存在较大差异，但上海市工程监理企业人均产值稳居前列，累计增长幅度也高于全国平均水平。

2.　工程监理企业多元化发展趋势明显，综合服务能力显著提升

2016~2023年，上海市工程监理企业承揽业务合同额从2016年的186.96亿元增至2023年的865.95亿元，累计增长3.63倍。其中，工程监理合同额从2016年的91.59亿元增至2023年的129.16亿元，累计增长41.02%。自2020年以来，工程监理合同额增长速度显著放缓，并于2022年首次出现较大幅度的下降。工程勘察设计、工程造价咨询和全过程工程咨询合同额增长明显，2023年同比增长分别为10.94%、12.75%和10.20%，反映出上海市工程监理企业在向综合性、多元化方面发展。2017年，住房城乡建设部公布的首批40家全过程工程咨询试点名单中，同济大学建筑设计研究院（集团）有限公司、华东建筑设计研究院有限公司、上海市政工程设计研究总院（集团）有限公司、上海华城工程建设管理有限公司、上海建科工程咨询有限公司、上海市建设工程监理咨询有限公司、上海同济工程

咨询有限公司等7家单位入选。之后，这些单位已成为上海市全过程工程咨询的领头羊，在前期决策、勘察设计、工程建造、运营维护等全生命周期各个阶段提供全方位、专业化和个性化的咨询服务。

3. 工程监理业务收入全国前百名企业数量占比高，高素质人才逐年增长

2023年全国参与统计的19717家工程监理企业中，上海市工程监理企业有284家，占参与统计企业总数的1.44%。在2023年全国工程监理业务收入前百名企业中，上海市有12家企业（同比增加1家）。上海市工程监理业务收入前百名企业数量仅少于广东、四川两地，与北京市持平，但占比为上海市工程监理企业总数的4.24%。

上海工程监理企业人才结构在不断优化，专业技术人员数量从2016年的38544人增至2023年的53386人，累计增长38.51%。特别是高级职称人员累计增长达85.37%，反映出上海市高端人才储备方面的强劲动力。此外，上海市注册执业人员数量也从2016年的11178人增至2023年的25325人，累计增长1.27倍，其中注册监理工程师增幅达90.80%。这些数据不仅反映出上海市工程监理企业在行业中的领先地位，也反映出上海市在推动工程监理行业高质量发展方面的积极努力和显著成效。

4. 30岁以下工程监理人员增速放缓，行业吸引力有待提高

从工程监理企业从业人员年龄结构看，与全国各地情况相类似，近年来上海市30岁以下工程监理人员增速也在放缓。上海市工程监理企业30岁以下人员占比在2021年达到最高值，占比达25.53%。在此之后连续三年下降，2022年同比减少8.35%，2023年同比减少4.59%。2023年，上海市工程监理企业30岁以下人员占比为22.60%。这个占比虽然略高于全国平均水平，但无法回避的是，工程监理企业对青年人的吸引力整体在下降，且短期内趋势难以扭转，这也是整个工程监理行业面临的共性问题。

3.3.2 行业协会工作特色

1. 咨询类协会合并，行业融合发展

2004年3月，上海市建设监理协会与上海市建设工程造价协会及上海建设工程招投标联络网合并成立上海市建设工程咨询行业协会，是当时全国首家也是唯一一家集工程监理、工程造价咨询和招标代理为一体的建设工程咨询行业协会。截至目前，协会拥有会员单位462家，其中具有工程监理资质的企业近300家。协会旨在通过更广泛的服务和更全面的行业覆盖，推动上海市乃至全国建设工程咨

询行业特别是监理行业的发展，已在行业调研、数据统计、信息发布、行业培训、课题研究、技术咨询、能力评价、标准制定、编辑出版、国内外信息技术交流、服务政府等方面发挥了重要作用。

2. 深入科学研究，引领行业高质量发展

上海市建设工程咨询行业协会持续开展行业发展分析和研究，主要参与了《住房城乡建设部关于促进工程监理行业转型升级创新发展的意见》实施情况评估工作；牵头开展了《防范工程风险 提升工程监理质量安全保障作用机制研究》课题，通过对工程风险的全面梳理，从监理工作角度提出防范化解工程风险、提升质量安全保障作用的机制措施和政策建议。

受中国建设监理协会委托，上海市建设工程咨询行业协会完成了《BIM技术在监理工作中的应用》《工程监理企业发展全过程工程咨询服务指南》《施工阶段项目管理服务标准》等课题，为新技术、新模式的推广应用，加快工程监理行业转型升级创新发展提供了科学依据和实践指导。协会编写了《建设工程监理施工安全监督规程》《建设工程造价咨询规范》《建设工程招标代理规范》等多部地方标准，自主编制发布《建设工程项目管理服务大纲和指南》，提升了行业服务的专业水平。

协会多年来连续参与编写《上海市建筑业行业发展报告》《中国招标投标发展报告》等年度报告，还参与了2023年出版发行的《中国工程监理行业发展报告》部分章节的编写工作。

3. 搭建交流平台，推动行业融合创新

协会致力于构建多元化的行业交流平台，以促进知识更新、视野拓展及行业融合创新。自2017年起，协会创立了"上海建设工程咨询大讲坛"系列讲座，定期为会员单位、从业人员提供免费的专业讲座。为纪念工程监理制度实施30周年，协会在2018年举办了系列活动，通过优秀论文征集、典型项目评选和制作宣传片等，全面展示了工程监理行业30年来的辉煌成就；通过"建设工程项目管理研讨会"，协会发布了《建设工程项目管理服务大纲和指南（2018版）》和《上海建设工程项目管理案例汇编（2018版）》等重要的行业出版物，促进了项目管理理论和实践的深入交流。此外，协会发起"学习沙龙"系列活动，邀请了知名专家就国际化视野下的全过程工程咨询等主题进行分享，有效提升了行业从业者的专业能力。

4. 培育人才队伍，筑牢行业发展基石

协会以培养和吸引人才、优化行业人才结构、提升人才的专业服务能力为己

任，为本行业各层次人才提供良性的发展环境，打造人才聚集的高地。协会一方面致力于做好基层岗位培训工作，指导和开展专业监理工程师、监理员及监理安全监督人员的考前培训和继续教育，定期更新培训教材，2023年还主编出版《监理从业人员继续教育辅导教材》系列丛书，采用"智能+"的人才考核方式，为人才队伍培养打下坚实的基础；另一方面，协会积极探索高素质人才的系统培养途径，为行业输送具有高水平和国际竞争力的专业领军人才。协会研究制定了建设工程项目管理人才培养计划，深入研究项目经理的知识结构，自主编写课程大纲和培训教材，成功举办了"上海市建设工程项目管理高级培训班"。

在参与社会人才培训、评价方面，协会受上海市住房城乡建设委人才服务考核评价中心委托，承担上海市住房城乡建设委直属单位工程系列（项目管理学科组）中级专业技术职称评审组织工作，为行业技术人才队伍建设贡献力量。

协会还密切关注行业青年人才成长。为搭建青年从业人员与协会的沟通桥梁，协会于2019年成立"上海市建设工程咨询行业协会青年从业者联谊会"，通过专业提升、互动交流、业余活动等，提升青年从业人员在行业发展中的参与感和对自我价值的认同感，吸引更多的优秀青年人才加入并留在本行业，创造良好的人才成长环境。

5. 提升服务能级，探索协会信息化服务

为创新行业服务模式，依托互联网深化服务，协会形成了当前"一网、两号、一中心"的信息化格局，协会门户网站"上海建设工程咨询网"、协会微信服务号"上海建设工程咨询行业协会"和订阅号"上海建设工程咨询行业协会资讯"、在线教育平台"SCCA在线教育中心"。尤其是在线教育平台的建设，针对不同的服务对象和课程内容分为公共版和职业版两个系统，公共版向社会开放提供行业普及、政策解读等公益讲座，职业版为行业相关培训机构提供技术支持，作为从业人员的学习工具开展各类线上职业培训、继续教育。

3.4 上海市工程监理行业发展典型案例

3.4.1 数字化实践

作为典型的智力型服务行业，加快企业数字化建设，提高业务人员专业技术能力，提升数据更广范围、更深程度的应用效果，已成为提升工程监理企业竞争

力、扩大行业影响力的必然要求。

上海建科工程咨询有限公司最早于2006年引入信息化技术，进行业务流程信息化尝试，开启信息化1.0时代，并在2016年建立人力资源系统、ERP系统和办公OA。2019年起，随着BI系统的建设和数字监理APP1.0的建设，上海建科工程咨询有限公司逐步开启了业务数字化探索。截至目前，公司面向工程监理、风险管理、项目总控、工程设计、项目管理、造价咨询等不同业务场景，以数字业务平台为载体，进一步提升业务标准化水平，实现无纸化作业。以质量安全管理为重点，该公司已开发建立数字监理平台与数字监理APP，并在公司超过700个工程监理项目中实现应用。在临港区域60余个项目中危险性较大的分部分项工程巡查上应用第三方评估信息化平台，推进实现质量潜在缺陷保险中质量风险管理业务13类评估成果落地，应用在30余个投保住宅工程中。数字监理APP定位为服务现场一线的业务数据采集工具，主要围绕现场的质量控制和安全巡视展开工作，已完成工作台、随手拍、工作任务三大功能模块，为监理人员提供了一个能够共享信息并实时管理信息的平台。数字监理平台以基于BIM的参数化质量控制、清单化安全管理为核心，衔接数字化工具数字监理APP，实现数据统一共享，并保证数据的交互，通过终端采集现场数据，最终通过项目大屏输出项目运行数据及项目预警信息。数字监理平台及数字监理APP通过"管理信息化+生产数字化"来升级监理工作方式，促进监理服务提质增效。

上海同济工程咨询有限公司自2010年起，就确立了咨询数字化与数字化咨询两大发展方向，形成公司在建设工程项目全生命周期的数字化服务能力。围绕公司咨询业务类型，公司已搭建近10项业务平台或数字化工具，包括全过程工程咨询数智平台、投资决策咨询数字化平台、AI监控全景影像监管系统、同济咨询项目协同管理平台、市政工程评估业务管理系统、乌梁素海项目群协同管理平台、中烟技改基于BIM的单项目管理系统、招标代理业务电子平台等，并在实际业务中得到应用。同济咨询较早开展了数字化咨询服务，在专业服务上，以推进数字化转型为目标，凭借信息化（IMS）、建筑信息模型（BIM）、无人机（UAV）、元宇宙、大数据与人工智能交互贯通等手段，结合智慧城市、虚拟现实、设施管理等理念，形成三大业务板块：信息化应用与咨询、BIM应用与咨询、智慧城市与元宇宙咨询，提供10余项产品服务。开发的水乡客厅智慧建设平台，利用BIM关键技术作支撑，结合物联网、云、5G、人工智能等信息化新技术，协助管理工程项目实施进度、质量、安全、投资等的关键步骤，缩短工期，提高项目精细化管理水平，推进项目实现跨地域的多方协同、高效沟通。2022年

7月28日，同济大学经济与管理学院智慧城市与电子治理研究所、上海同济工程咨询公司成立上海首个校企联合"元宇宙与数字经济研究中心"，致力于搭建专业元宇宙领域政产学研合作交流平台，进一步拓展同济在城市规划及场景设计领域的影响力，打造国际创新领域的新IP。

上海市建设工程监理咨询有限公司尝试在TIS检查过程中引入AI技术，开发形成建工垂域AI TIS Agent。基于LLM基座模型能力，结合行业知识，围绕工程师垂直工作场景，设计智能体算法工作流，并综合利用提示词工程、检索增强生成、向量数据库、混合专家系统、私域知识库等技术手段和AI工程能力，为建设工程领域工程师量身打造超级AI应用工具箱。正在开发的建工领域AI工具包括AI专家助手，TIS-Agent，HSE-Agent，OPP-Agent等核心功能。其中AI专家助手基于行业规范、标准、图集及企业私域知识库，运用大语言模型的基础能力，构建智能AI专家助手；TIS-Agent则实现项目现场质量巡检问题采集、资料实时查询、智能生成巡检报告，辅助工程师形成监理日志、施工日志等文件；Report-Agent帮助工程师按照标准报告模板和既有项目资料数据，结合历史资料数据生成咨询报告初稿，并辅助工程师完成整体报告编制。AI与建设工程垂直领域结合将会改变传统TIS工作范式，极大地提高工程师的工作质量和效率，更好地实现项目质量安全把控，也是实现行业从数字化到数智化的重要探索之一。

上海建设工程监理企业基于实际业务应用场景，进行工程模式、工程流程的数字化转型实践，开发具备良好实用性、可推广性的数字化工具或数字化平台，提升建设工程咨询服务质量和效率的同时，也为客户提供基于数字技术的创新解决方案，为行业数字化转型提供支撑。

3.4.2 TIS业务实践

2016年6月16日，上海市人民政府办公厅转发了上海市住房和城乡建设管理委员会、上海市金融服务办公室、中国保险监督管理委员会上海监管局等三部门《关于本市推进商品住宅和保障性住宅工程质量潜在缺陷保险的实施意见》的通知（沪府办〔2016〕50号文），明确在"本市在保障性住宅工程、浦东新区范围内的商品住宅工程中，推行工程质量潜在缺陷保险"，"鼓励本市其他区县的商品住宅工程逐步推进工程质量潜在缺陷保险"，同时明确"二程质量潜在缺陷保险合同签订之后，保险公司应当聘请建设工程质量安全风险管理机构和其符合资格要求的工程技术专业人员对保险责任内容实施风险管理。"此文出台，标志着上海在全国范围内率先推出了住宅工程IDI保险制度，同时也标志着上海TIS机构正式应运而生。

2019年3月14日，上海市人民政府办公厅再一次转发了市住房和城乡建设管理委员会等三部门《关于本市推进商品住宅和保障性住宅工程质量潜在缺陷保险的实施意见》的通知（沪府办规〔2019〕3号文），正式要求在"本市在保障性住宅工程和商品住宅工程中推行工程质量潜在缺陷保险"，并针对承保范围和期限、保险除外责任、保费计算、保险条款及费率核准等方面又做了进一步的细化和要求。为贯彻落实《实施意见》和有关工程质量潜在缺陷保险（IDI）推进工作文件精神，同年9月25日，上海市住房和城乡建设管理委员会、上海市地方金融监督管理局、中国银行保险监督管理委员会上海监管局共同发布了《上海市住宅工程质量潜在缺陷保险实施细则》（沪住建规范联〔2019〕7号），明确了具体实施要求。由此，IDI保险制度在上海住宅工程中全面推开。

建设工程质量潜在缺陷保险的试点可用来发现和有效解决工程质量潜在缺陷，包括设计审查、施工监督、现场及材料检验、施工工艺监督、隐蔽工程检查、专项技术检验、技术咨询与建议、风险评估与管理、数据分析与报告等手段和措施。通过专业的技术审查、检验和监督，TIS服务机构作为工程质量潜在缺陷保险机构指定的第三方专业服务提供商，能够帮助项目团队降低风险、提高项目质量和安全性，确保项目顺利进行，最终实现建设工程质量提升。随着技术的进步和市场需求的增长，上海市住房城乡建设主管部门和行业协会通过相关法规和制度设计、完善全周期流程和技术手段，TIS服务在建设工程质量风险管控中的重要性日益凸显，成为工程项目建设尤其是住宅工程中不可或缺的一部分。

自2016年12月至2023年2月，上海市住房和城乡建设管理委员会共公布三批总计31家建设工程TIS机构，其中有工程监理企业20家。提供工程保险服务是工程监理行业转型的重要路径之一，通过这种转型，工程监理企业可以更好地满足市场和建设项目本身的需要，提高工程质量和服务水平，促进行业的持续健康发展。

经过7年的发展，截至2023年，上海地区工程质量保险（IDI）累计投保数量1800多个，其中商品房1100多个，区属保障性住房600多个，市属保障性住房100多个。承保面积1.93亿平方米，保额接近8000亿元。在工程实践中，上海市工程质量保险（IDI）积累了宝贵经验，从规范标准化服务流程、设计标准化报告体系、引入多样服务手段、补强全周期薄弱管控环节、培育规范化服务市场和构建数字化管控平台六个方面进行了实践和探索：①规范标准化服务流程，覆盖工程项目全周期，2021年9月《上海市建设工程质量风险管理机构管理导则（试行）》

发布，进一步提升了服务工作的规范性与标准性；②设计标准化报告体系，确保风险上报有效性。上海市TIS行业已形成了一套适用于建设全周期（包含设计阶段、施工准备阶段、施工阶段、完工阶段及回访阶段）的风险评估报告体系，参建主体实施质量风险处置具有重要参考性；③引入多样服务手段，有针对性地降低质量风险，通过引入检测验证这一手段丰富TIS机构风险管理工具箱，更为实际交付的功能性风险进行了有效验证；④补强薄弱管控环节，保证全周期风险可控，明确了强化设计风险管控以及回访期质量风险跟踪的两大薄弱环节的补强目标；⑤培育规范化服务市场，保证人才队伍良性发展，构建了"TIS机构人才库"，明确了各个TIS风险管理岗位的任职要求，形成了培训考核准入机制。以上海建科咨询为例，其TIS机构人员中本科以上学历的达87%，除辅助性人员以外，人员持证率基本为100%；⑥构建数字化管控平台，提升行业管控效率，在上海市住建委的指导下，IDI业务管理平台于2023年1月正式上线，与早期开发的IDI监管平台形成了"两级平台、三级管理"管理架构，监管平台和业务管理平台形成数据交互的两级平台，政府监管、保险公司、TIS机构之间形成了三级管理模式。

自2016年以来，上海市TIS风险管理不断探索实践，形成了成熟的风险管理服务模式、管控标准与成果体系，对当前住宅工程质量监督体系形成了有效补充。同时，引入的第三方机构更具独立性、专业性与权威性，开展针对性质量风险管理工作，识别的过程质量风险问题在参建各方协同下得到了有效整改，也是建设工程质量多元共管的体现。同时，通过TIS机构过程风险管理，在渗漏、开裂等常发性质量问题上展现出一定的管理成效，也为上海市住宅工程质量提升做出了贡献。

TIS服务模式为工程监理行业带来了新的市场机遇，推动了行业的转型升级。首先，TIS服务的引入意味着工程质量风险管理从传统的监理服务中分离出来，成为一种专业的风险管理服务。这种分离不仅提高了工程质量管理的专业性和效率，也为工程监理行业提供了新的服务方向和发展路径。其次，对于上海工程监理行业来说，TIS服务的出现意味着行业内的专业分工更加明确，服务质量得到提升。这种服务模式的变化，促使工程监理行业从传统的施工过程监督向全过程质量管理转变，增强了行业的专业性和服务能力。最后，TIS服务的推行，也是对工程监理行业人才结构的一种优化。随着TIS服务的普及，对监理从业人员的专业技术水平和知识结构提出了更高的要求，促进了监理从业人员不断提升自身能力和素质，以适应新的服务模式和市场需求。

　　综上所述，TIS服务对上海工程监理行业的转型升级具有积极的促进作用，通过提供专业的质量风险管理和技术服务，推动了行业向更高水平的专业化、市场化和国际化方向发展。

第 4 章

工程监理行业
发展热点及问题

当前，我国房地产市场发生了重大变化，给大量主营建筑工程监理业务的工程监理企业带来了重大影响。与此同时，建造方式变革及新一代信息技术的广泛应用，也给工程监理行业发展带来了机遇和挑战。此外，环境、社会和公司治理（Environmental，Social and Governance，ESG）也将成为工程监理企业值得关注的问题。

4.1 房地产市场发展新形势对工程监理的影响

自1998年住房市场化改革和2004年土地市场化改革以来，我国房地产市场得到快速发展。国家统计局数据显示，我国房地产业增加值从2004年的7152.1亿元攀升至2020年的73425.3亿元，16年间增长9倍多。在经历近20年飞速发展后，伴随着国家对房地产市场的调控、城镇化率的不断提升，以及人口规模和年龄结构等重大变化，我国房地产市场正从过去的高速发展转向平稳发展。广大工程监理企业应尽快适应房地产市场发展新形势，积极应对新挑战，抓住发展新机遇。

4.1.1 房地产市场发展新形势

总体而言，我国房地产市场供求关系已发生重大变化，资金风险和保障压力并存，高质量发展新模式亟待构建。

1. 房地产市场供求关系已发生重大变化

根据《中国人口普查年鉴-2020》，现阶段我国城市家庭人均建筑面积已接近37平方米，城镇住房套户比已增至1.09，超过德国（1.03）和英国（1.02），接近美国（1.17）和日本（1.16），住房市场已从供给短缺发展至总体平衡。截至2023年底，我国城镇化率已达66.16%，人口连续出现负增长的经济社会环境变化，使得房地产市场供求关系发生重大变化。自2021年以来，房地产市场增加值、投资、施工、销售、价格等核心指标均出现明显下降。

（1）行业端：房地产业增加值占GDP的比重显著降低。2004～2023年，我国房地产业增加值及其占GDP的比重如图4-1所示。从图4-1可以看出，我国房地产业增加值在2004～2020年间持续增加，由2004年的7152.0亿元增至2020年的70444.8亿元。房地产业增加值占GDP的比重由2004年的4.4%增至2020年的7.2%。但从2021年开始，房地产业增加值占GDP的比重持续回落，2023年降至5.8%，已接近2011年水平（5.7%）。房地产业对国民经济的整体贡献在下降。

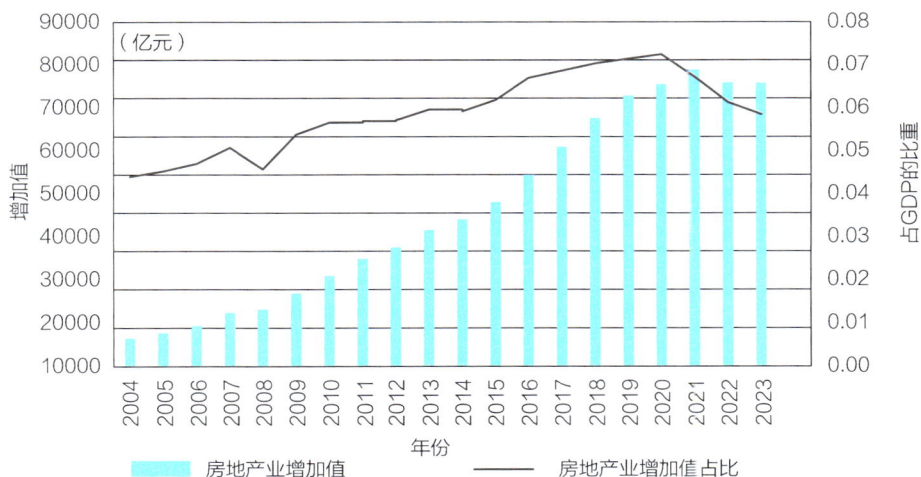

图4-1　2004～2023年我国房地产业增加值及其占GDP的比重

数据来源：国家统计局

（2）投资端：房地产开发投资额及其占比明显回落。2004～2023年，我国房地产开发投资及其占全社会固定资产投资的比重如图4-2所示。从图4-2可以看出，我国房地产开发投资在2004～2021年间持续攀升，由2004年的13158.3亿元增至2021年的136275.2亿元，涨幅超过9倍。2021年，房地产开发投资占全社会固定资产投资的比重达29%。但自2022年开始，房地产开发投资及其占比下降明显。与2021年相比，2023年房地产开发投资额下降18.6%，占全社会固定资产投资的比重下降7个百分点。

图4-2　2004～2023年我国房地产开发投资及其占全社会固定资产投资的比重

数据来源：国家统计局

（3）施工端：房地产新开工和施工面积急剧减少。2004～2023年房地产开发企业房屋新开工及施工面积如图4-3所示。从图4-3可以看出，房地产开发企业房屋新开工面积和施工房屋面积在2004～2020年间均保持持续上升态势。2021年房屋新开工面积开始下降，2022年房屋施工面积随之开始下降。2023年房屋新开工面积为95375.53万平方米，接近2007年水平（95401.53万平方米），相比2021年下降57.5%。可以预见，在接下来的两年内，房屋施工面积还将会持续下降。投资端和施工端的持续低迷反映了房地产开发企业对未来市场前景的悲观预期。

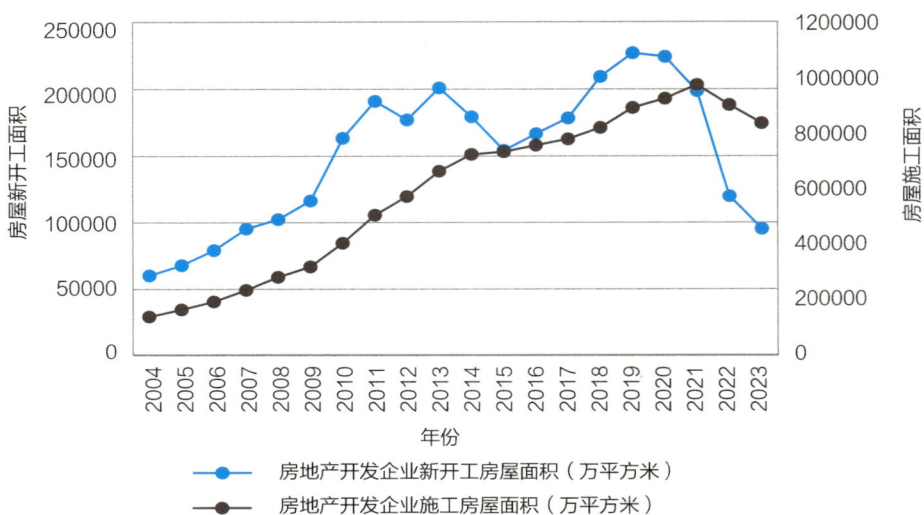

图4-3 2004～2023年房地产开发企业房屋新开工及施工面积
数据来源：国家统计局

（4）销售端：商品住宅销售面积和金额双双下降。2004～2023年商品住宅销售面积及销售额如图4-4所示。从图4-4可以看出，自2022年以来商品住宅销售面积和销售额也在双双下降。与2021年相比，2023年我国商品住宅销售额下降35%；商品住宅销售面积下降36.6%。

（5）价格端：商品住宅销售价格存在下行压力。2011～2024年我国70个大中城市新建商品住宅价格指数月度同比变化如图4-5所示。从图4-5可以看出，新建商品住宅供需关系发生重大变化导致销售价格下行压力显著增大。自2022年以来，我国70个大中城市新建商品住宅价格指数的月度同比变化基本为负，表明房价指数在持续下行。而且，不同城市之间存在明显分化，房价下行压力在三线城市更为明显。

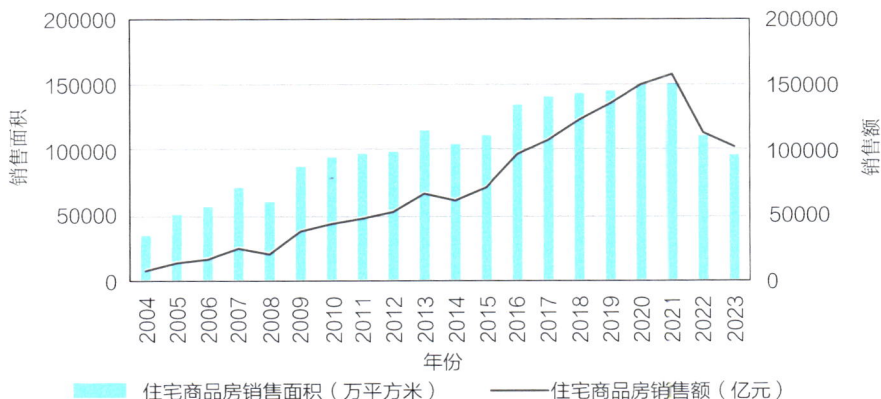

图4-4　2004~2023年商品住宅销售面积及销售额

数据来源：国家统计局

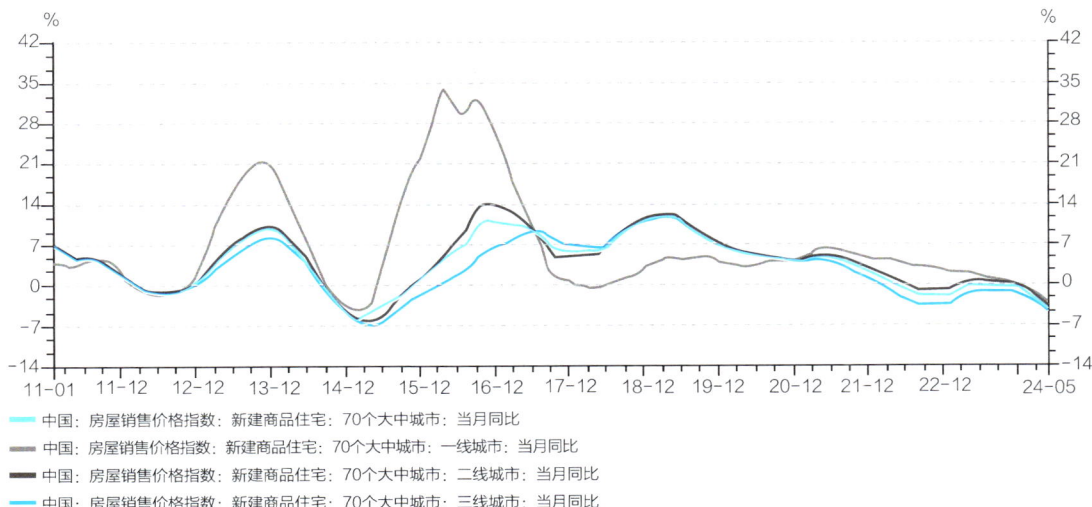

图4-5　2011~2024年我国70个大中城市新建商品住宅价格指数月度同比变化

数据来源：国家统计局，Wind❶

2. 房地产市场资金风险和保障压力并存

在房地产市场供求关系发生重大变化的背景下，房地产市场资金风险不断攀升，政府对房地产市场资金监管的力度不断加强。

（1）房地产市场资金风险加剧。2004~2023年房地产开发企业年度实际到位资金及其增速如图4-6所示。从图4-6可以看出，随着房地产市场快速扩张，2004~2021年间房地产开发企业实际到位资金逐年攀升。2022年，房地产开发

---

❶ Wind 数据库．全称Wind Information Co.,Ltd，即万得信息技术股份有限公司。

企业年度实际到位资金首次出现大幅下降，由2021年的201132亿元下降至147454亿元，降幅高达26.7%。2023年，房地产开发企业年度实际到位资金127459.15亿元，比2022年又下降13.6%。

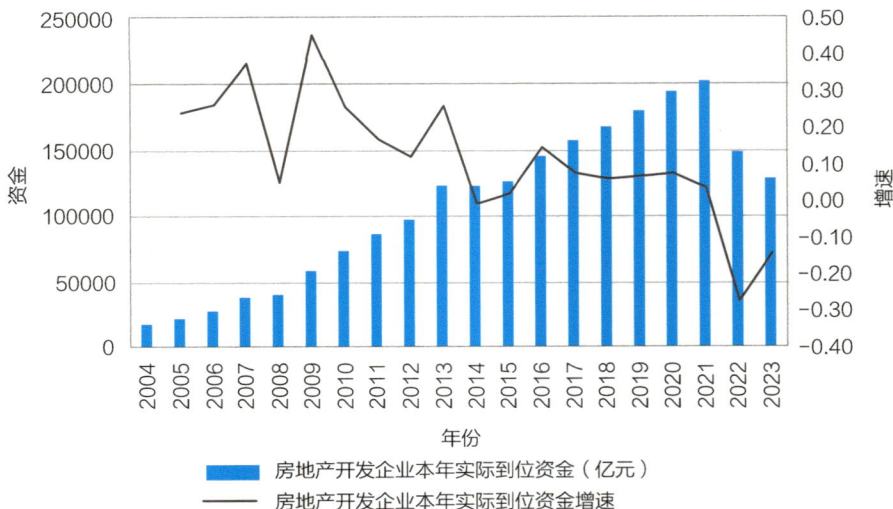

图4-6 2004～2023年房地产开发企业年度实际到位资金及其增速

数据来源：国家统计局

2004～2023年房地产开发企业年度实际到位资金构成如图4-7所示。从图4-7可以看出，房地产开发企业定金及预收款降幅最大。与2021年峰值相比，2023年房地产开发企业定金及预收款下降41.6%，这表明房地产企业从销售端获取资金的难度显著增加。2021～2023年间，房地产企业国内贷款下降33.1%，表明监管部门对房地产信贷的管控作用显著。与此同时，自筹资金和个人按揭贷款分别下降35.8%和33.7%。

2020年8月，为管控房地产企业资金风险，央行、银保监会等机构针对房地产企业提出"三道红线"指标，即剔除预收款项后资产负债率不超过70%、净负债率不超过100%和现金短债比大于1。踩中三条红线的房地产开发企业归入"红档"，踩中两条红线的归入"橙档"，踩中一条红线的归入"黄档"，三条全未踩中的归入"绿档"。根据Wind数据，2022年我国有62家"红档"房地产开发企业，61家"橙档"房地产开发企业，110家"黄档"房地产开发企业，139家"绿档"房地产开发企业。这说明踩线的房地产开发企业占比达到62.6%。

房地产开发企业面临的资金压力和流动性危机必然会影响其支付各项开发成本的能力和意愿，从而将资金风险传导至其上下游企业，其中也包括工程监理企业。

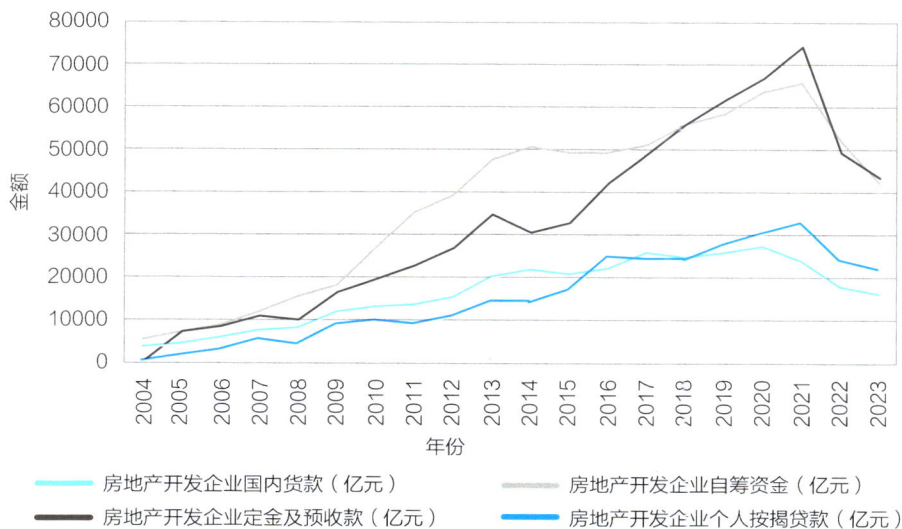

图4-7　2004～2023年房地产开发企业年度实际到位资金构成

数据来源：国家统计局

（2）房地产市场资金监管加强。在房地产市场资金风险加剧、部分房地产企业出现流动性危机时，有部分房地产开发企业违规挪用预售资金，严重侵害购房人合法权益。为此，住房和城乡建设部、人民银行、银保监会于2022年1月联合印发《关于规范商品房预售资金监管的意见》（建房〔2022〕16号），就加强商品房预售资金监管作出规定。此后，各地纷纷出台商品房预售资金监管实施细则，详见表4-1。

部分城市商品房预售资金监管实施细则出台情况　　　　　　　　　　　　表4-1

时间	城市	细则名称
2022.01.28	石家庄市	《石家庄市新建商品房预售资金监管办法》（石住建规〔2022〕1号）
2022.07.22	杭州市	《杭州市商品房预售资金监管实施细则》（杭房局〔2010〕262号）
2023.07.12	武汉市	《武汉市新建商品房预售资金监管实施细则》（武房规〔2023〕1号）
2023.08.30	沈阳市	《沈阳市商品房预售资金监管办法》（沈房发〔2023〕3号）
2023.11.30	青岛市	《青岛市商品房预售资金监管办法》（青建规字〔2023〕2号）
2023.12.14	西安市	《西安市商品房预售资金监督管理实施细则》（市建发〔2023〕212号）
2024.01.18	无锡市	《无锡市市区商品房预售资金监管办法》（锡政规〔2024〕1号）

资料来源：各地方政府及相关部门网站。

各地出台的商品房预售资金监管实施细则中涉及多项与工程监理单位相关的要求。以2023年12月西安市印发的《西安市商品房预售资金监督管理实施细则》为例，其中与工程监理单位相关的要求如下：

1）第十四条：重点监管资金只能用于支付施工进度款、设备材料款，不包括勘察、设计、监理等费用。

2）第二十三条（三）：用于支付施工进度款的，提供工程建设合同（首次申请时提供，应与施工许可证及其申请材料有关信息核对一致）及施工单位、监理单位签章的施工进度材料、质量验收记录等证明材料。

3）第六十二条：勘察、设计、施工、监理单位提供虚假材料或采取其他方式协助开发企业违规支取预售款的，除由住房建设行政主管部门依法依规处理外，还应依法承担其他法律责任。

3. 房地产高质量发展新模式亟需构建

（1）坚持"房住不炒"定位。2016年中央经济工作会议提出，要促进房地产市场平稳健康发展，坚持"房子是用来住的，不是用来炒的"，标志着"房住不炒"成为此后我国房地产市场的政策基调。坚持"房住不炒"的战略定位，意味着房地产市场将以健全购租并举的住房制度为发展方向，加大保障性住房建设和供给。新建商品住房市场的供给类型和结构将发生深刻变化，由此使得房屋建筑工程的规模、类型、质量安全要求随之改变。

（2）构建房地产发展新模式。基于2023年7月中央政治局会议作出的"适应我国房地产市场供求关系发生重大变化的新形势"这一重大判断，2023年底召开的中央经济工作会议正式提出要"加快构建房地产发展新模式"。2024年3月召开的国务院常务会议再次强调，要适应新型城镇化发展趋势和房地产市场供求关系变化，加快完善"市场+保障"的住房供应体系，改革商品房相关基础性制度，着力构建房地产发展新模式。

构建房地产发展新模式是对房地产市场发展理念、体制机制、政策落实的全面要求。在发展理念上，要始终坚持"房子是用来住的，不是用来炒的"这一定位，以满足刚性和改善性住房需求为重点，努力让人民群众住上好房子。在体制机制上，建立"人、房、地、钱"要素联动的新机制，从要素资源科学配置入手，以人定房，以房定地，以房定钱；建立房屋从开发建设到维护使用的全生命期管理机制，包括改革开发方式、融资方式、销售方式，建立房屋体检、房屋养老金、房屋保险等制度。在政策落实上，要实施好规划建设保障性住房、城中村改造和"平急两用"公共基础设施建设"三大工程"；满足不同所有制房地产企业合理的融资需求，促进金融与房地产良性循环。

"三大工程"建设成为新形势下落实房地产发展新模式的重要抓手。2023年7~8月，国务院先后印发或审议通过《关于在超大特大城市积极稳步推进城中村改造的指导意见》《关于积极稳步推进超大特大城市"平急两用"公共基础设施建设的指导意见》《关于规划建设保障性住房的指导意见》等多个重磅文件，明确"三大工程"的相关政策安排。国家统计局数据显示，2024年第一季度，"三大工程"拉动房地产开发投资0.6个百分点。

4.1.2 房地产市场发展新形势给工程监理带来的挑战

房地产市场发展新形势给工程监理带来多方面挑战。工程监理企业面临业务减少、财务风险增大、主体责任提升和专业人才缺乏等多重压力。

1. 传统住房市场规模压缩，工程监理业务减少

由前所述，2023年，全国参与统计的工程监理企业共有19717家，其中房屋建筑工程监理企业14542家，占比超过73%。房屋建筑工程监理之所以在行业中占主导地位，与我国房地产市场过去20年的快速发展、不断扩张密切相关。也正因为如此，当前我国房地产市场供求关系发生了重大变化，传统新建住房开发市场规模不断压缩，从而使工程监理行业受到强烈冲击。

随着新开工房地产项目的减少，房屋建筑工程监理企业的业务量明显下降。在房地产开发投资额和新开工面积大幅减少的影响下，2021~2023年我国工程监理合同额与上年相比分别下降2.87%、2.24%和1.58%。

房地产开发投资下降，不仅会导致工程监理业务量萎缩，而且还会加剧工程监理市场竞争，进而影响工程监理业务收入。2022~2023年工程监理企业的监理业务收入连续两年下降，与上年工程监理业务收入相比，降幅分别为2.49%和0.07%。

自2016年不再执行工程监理费政府指导价后，充分竞争的房屋建筑工程监理单位基本上失去了议价权，越来越多的房地产开发项目开始采用低价中标方式进行招标，致使工程监理取费不断走低。房地产市场的低迷加剧了工程监理行业的低价竞争，致使工程监理单位深陷恶性循环："监理费用低→监理人员收入低→高端人才流失→监理作用难以发挥→监理费用再被压低"。工程监理取费不断走低，工程监理单位失去了积累和创新投入能力，严重削弱了发展后劲。

2. 房地产资金风险传导，工程监理企业财务风险增大

在房地产市场销售下滑、回款受阻的背景下，房地产开发企业的资金压力也

会传递给工程监理企业，导致工程监理企业回款周期延长，资金周转困难，从而对工程监理企业的现金流管理和财务健康造成负面影响。

3. 工程质量安全标准提高，工程监理企业主体责任提升

"三大工程"建设是党中央作出的重大战略部署，是改善民生的重点工程和强化城市安全韧性的重要举措。"三大工程"建设质量和安全事关民生改善、社会稳定、城市发展大局，责任重大，任务艰巨，意味着工程质量安全标准将不断提高，工程监理企业的主体责任将不断提升。

加强"三大工程"建设质量和安全管理，对工程监理单位的工作提出了更高要求。以江西省住房和城乡建设厅印发的《关于切实加强"三大工程"建设质量安全管理工作的通知》为例，涉及工程监理单位的要求有：

（1）严格施工许可管理。"三大工程"建设必须严格执行施工许可制度，建设单位要依法委托工程监理单位办理质量安全监督手续。

（2）严密施工组织管理。工程施工过程中如需变更设计的，建设、施工、勘察、设计、监理等单位要共同确认并按照规定流程完成变更手续。

（3）认真做好现场监理。监理单位要认真履行职责，落实项目总监理工程师负责制，严格审查现场安全施工技术措施和专项施工方案，并督促落实；要配齐配足合格的专业监理人员，认真执行旁站监理；重要部位和关键工序未经监理人员签字认可，不得进入下一道工序施工，确保施工的关键部位、关键环节、关键工序监理到位。要重点对住宅工程常见多发问题的关键分部分项、关键工序、关键步骤、关键材料加强监理旁站检查工作。对施工现场存在的质量安全隐患及时下发监理工程师通知单，督促整改并复查。对存在重大质量安全隐患的，应及时向监管部门报告。履职不力出现严重质量安全问题的监理单位和监理人员将严肃处罚，并记入不良记录。

（4）严格违法违规行为查处。对"三大工程"建设、监理、施工、设计、勘察、图审和工程检测等参建各方责任主体不认真履行法定职责，有关键人员未在岗履职、降低工程建设标准、使用不合格材料和产品、提供虚假数据和资料、拒绝接受监督检查等行为的，各地住房城乡建设行政主管部门要责令限期整改，并依法严厉查处。要严防"三大工程"发生安全生产事故，对发生质量安全事故的，按照"四不放过"的原则，严格执行事故责任追究制度，严肃倒查追究参建各方主体质量安全责任人的责任。

4. 房屋建筑工程监理企业转型难，综合型专业人才缺乏

我国工程监理企业中，有近3/4的企业为房屋建筑工程监理企业。在房地产

市场结构发生重大变化，我国经济发展环境的复杂性、严峻性、不确定性上升的大背景下，中央提出要抓紧推进一批水利、交通、地下综合管廊等工程建设。但由于水利、交通等行业有其各自独立的管理体系，且大多数房屋建筑工程监理企业缺乏房屋建筑工程以外的综合型专业人才，很难进入房屋建筑工程以外的监理市场。因此，房屋建筑工程监理企业转型难度大。

4.1.3　房地产市场发展新形势给工程监理带来的机遇

房地产市场的周期性波动给现阶段工程监理行业发展带来挑战的同时，房地产市场的逆周期调节也给工程监理行业带来新的发展机遇。

1. 非房屋建筑工程监理占比提高

在坚持房住不炒、租购并举的基本定位，构建房地产发展新模式的背景下，房地产市场供给结构将发生深刻变化。传统的商品住宅开发项目将减少，但保障性住房项目、城中村改造项目和公共基础设施建设等特殊类型的住宅开发项目和非住宅开发项目增多。因此，非房屋建筑工程监理占比将会大幅提高。

2023年7月以来，"三大工程"政策频出，地产优化政策持续落地，叠加积极的财政政策，"三大工程"建设及房地产发展新模式构建将会加速推进。"三大工程"、地下管网、水利治理、抗震加固等国家重点支持的民生工程，将作为扩大有效投资的重要着力点，为工程监理单位在非房屋建筑工程领域带来新的业务增长动能。同时，城市更新作为城市持续发展和城镇化进程加速的关键策略，涉及城市空间优化、功能提升及环境改善，也将会为工程监理行业带来前所未有的发展机遇。

2. 全过程工程咨询必要性提升

与传统住房开发项目相比，"三大工程"建设及其他民生工程具有规模大、工期紧、任务重、社会影响深远、利益相关方协调难度大等特点，使得全过程工程咨询的必要性大幅提升。通过全过程工程咨询，可以将项目策划、投融资服务、可行性研究、勘察设计、项目管理、招标采购、造价审计、工程监理、资产运营等全流程业务整合起来，有助于提升建设单位在保障性住房建设、城中村改造等项目实施过程中的全局化管理能力，使项目投资可控、工程质量得到保障。因此，在房地产市场发展新形势下，工程监理单位可以通过开展全过程工程咨询服务而获得新的发展机遇。

全国工程监理统计公报数据显示，2021～2023年工程监理合同额连续三年负增长，但工程监理企业包括全过程工程咨询在内的其他咨询服务业务却在不断增长，这在一定程度上说明工程监理企业有着新的业务增长点。

3. 工程质量保险市场前景广阔

近年来，国家越发重视在工程建设中引入保险力量来保障工程质量。"三大工程"建设作为住房供给侧结构性改革的重要举措，对实现全体人民住有所居、促进社会和谐稳定意义重大。为保障住房工程质量，住房和城乡建设部办公厅于2022年2月印发《关于加强保障性住房质量常见问题防治的通知》（建办保〔2022〕6号），明确提出"推行工程质量保险，在保障性住房建设中积极探索工程质量潜在缺陷保险（Inherent Defect Insurance，IDI）"。

工程质量潜在缺陷保险作为一项创新的保险产品，在国际上已得到广泛的推广应用。IDI的核心目的是为建筑工程提供长期的质量保障，覆盖因设计、材料或施工不当导致的潜在缺陷。保险公司实施IDI，就需要委托技术检验服务（Technical Inspection Service，TIS）机构为其提供工程质量安全风险管理服务。工程监理企业在此保险领域大有可为，最有条件接受委托成为TIS机构。通过运用专业知识和技能，对被保险工程潜在质量风险因素进行辨识、评估和分析，并提出处理建议，减少和避免质量安全事故发生，并最终对保险公司承担合同责任。以广州市为例，在2022年1月公布的建筑工程质量安全保险风险控制机构（TIS）名单中，遴选出的28家单位中有21家是以工程监理为主营业务的，占比达75%。

4.2 智能建造方式下的工程监理

随着科学技术的飞速发展，建筑行业也迎来了前所未有的变革，工程建设领域的数字化、智能化转型发展已成为必然，智能建造应运而生。2020年7月，住房和城乡建设部等13部门联合印发的《关于推动智能建造与建筑工业化协同发展的指导意见》（建市〔2020〕60号）明确指出，"加大智能建造在工程建设各环节应用，形成涵盖科研、设计、生产加工、施工装配、运营等全产业链融合一体的智能建造产业体系"。到2035年，我国智能建造与建筑工业化协同发展取得显著进展，"中国建造"核心竞争力世界领先，建筑工业化全面实现，迈入智能建造世界强国行列。2022年1月，住房和城乡建设部发布的《"十四五"建筑业发展规划》（建市〔2022〕11号）再次提出，要加快智能建造与新型建筑工业化协同发展，实施智能建造试点示范创建行动，发展一批试点城市，建设一批示范项目，总结推广可复制政策机制。

智能建造方式给工程监理行业发展带来了重大影响。为了适应智能建造的发展，工程监理企业需要结合智能建造特点，探索工程监理工作流程和方式方法的变革。

4.2.1 智能建造基本特征及典型监理案例

1. 智能建造基本特征

当今，智能建造技术已应用于工程设计、材料选择、工程施工、质量控制、安全管理等多个领域，但智能建造是一个内涵丰富、综合性强的复杂概念，绝非用一两句话可以表达清楚。国内外尚未对智能建造形成相对统一的定义，部分专家学者试图分别从不同角度对智能建造给予解释。但概括起来，智能建造应具有以下基本特征：以新一代信息技术融合应用为基础，以实现数字化集成设计、精益化生产施工、工业化组织管理为核心，以数智化管控平台和建筑机器人开发应用为着力点，以减少对人的依赖、实现安全建造、提高品质和效率、助力数字交付为目标。

（1）智能建造应以新一代信息技术融合应用为基础。智能建造绝非是在工程建造过程中单一应用人工智能技术，而应是将新一代信息技术融合应用于建造过程。住房和城乡建设部等13部门联合印发的《关于推动智能建造与建筑工业化协同发展的指导意见》明确指出，"要加快推动新一代信息技术与建筑工业化技术协同发展，在建造全过程加大建筑信息模型（BIM）、互联网、物联网、大数据、云计算、移动通信、人工智能、区块链等新技术的集成与创新应用。"

（2）智能建造应以实现数字化集成设计、精益化生产施工和工业化组织管理为核心。智能建造不能等同于智能施工，要涵盖工程建造全过程。智能建造的根本是要通过新一代信息技术的融合应用，实现数字化集成设计、精益化生产施工和工业化组织管理，全面提升工程建造效率和水平。

（3）智能建造应以数智化管控平台和建筑机器人开发应用为着力点。数智化管控平台和建筑机器人是智能建造的重要支撑和核心内容。没有数智化管控平台和建筑机器人，发展智能建造将会是一句空话。住房和城乡建设部等13部门联合印发的《关于推动智能建造与建筑工业化协同发展的指导意见》明确要求，要"加快构建数字设计基础平台和集成系统"，"鼓励企业建立工程总承包项目多方协同智能建造工作平台"，要推广应用"建筑机器人"，实现少人甚至无人工厂。要"以钢筋制作安装、模具安拆、混凝土浇筑、钢构件下料焊接、隔墙板和集成厨卫加工等工厂生产关键工艺环节为重点，推进工艺流程数字化和建筑机器人应用。"要

"推动在材料配送、钢筋加工、喷涂、铺贴地砖、安装隔墙板、高空焊接等现场施工环节，加强建筑机器人和智能控制造楼机等一体化施工设备的应用。"

（4）智能建造应以减少对人的依赖，实现安全建造，提高品质、效率和效益，助力数字交付为目标。发展智能建造的目的是要通过数字化、自动化、智能化手段，减少工程建造过程对人的依赖，以实现安全建造，并提高建造品质、效率和效益。同时，发展智能建造还有利于实现数字交付，为工程建成后的智慧运维提供有力支撑。

智能建造方式的推广应用，必然要求工程监理发展与之相适应。为此，需要工程监理企业及监理从业人员尽快理解和掌握工程建设数智化转型发展理念和智能建造支撑技术及组织方式，探索与之相适应的工程监理模式。

2. 智能建造典型监理案例

为了更有效地控制工程施工质量和管理施工安全风险，提高工程监理效能，有些工程监理企业已开始在工程监理中运用数字化、智能化技术。这里选取部分结合智能建造方式的典型监理案例进行介绍。

（1）造楼机施工场景下的工程监理。造楼机是一款能够满足全天候空中作业的新型轻量化住宅楼建造集成平台，由钢平台系统、支撑系统、动力及控制系统、模板系统、挂架系统、安全防护系统组成，并集成遥控布料机、可开合雨篷、自动喷淋装置、模板吊挂等功能，可有力支撑精益建造。

1）造楼机主要特点。造楼机具有以下主要特点：

①智能化和自动化：造楼机集成先进的智能化和自动化技术，能够实现精确控制和高效施工。通过智能控制系统，施工人员可以远程操控设备，进行各项施工作业。

②集成化：造楼机集成施工电梯、布料机、钢结构安装控制室等多种施工设备和设施，形成了一个多功能施工平台。这种集成减少了各种设备之间的协调问题，可提高施工效率。

2）造楼机施工监理。造楼机在南宁龙光世纪大厦、苏州国际金融中心等项目中得到了应用。为了防范造楼机施工过程中的安全风险，工程监理单位主要通过编制和实施专门的监理细则，并在造楼机安拆及顶升作业过程中进行巡视检查等方式履行监理职责。此外，工程监理单位还应用BIM和物联网技术搭建造楼机智能安全监测平台，对造楼机关键节点的应力应变、水平度、垂直度、位移等数据进行全方位监测并实时上传数据。工程监理人员可通过数据孪生式健康监测模型随时监测造楼机各部位的运行工况。一旦发现问题，便能第一时间进行处理，大大提高了工作效率。

（2）基于BIM的智能建造监理。在智能建造项目中，BIM技术的应用为工程监理工作带来了革命性的变化。在金沙江下游的大型水电工程中，工程监理单位引入智能建造工程数据系统DIM和集成GIS+BIM+MIS技术的智能建造管理平台iDam，使工程监理人员能够全面、实时地监控水工结构、施工设备及材料、施工环境和现场人员等关键要素。其中，BIM技术提供了三维可视化工程模型，使工程监理人员能够直观地了解工程全貌和细节。此外，工程监理人员还利用BIM技术的数据集成能力，自动采集工程环境信息、施工过程信息、监测反馈信息及施工资源等数据，并将这些工程数据传输至数据中心，从而为工程监理人员提供了强大的数据支持。

在工程质量和安全生产监控方面，工程监理人员利用BIM技术的仿真分析功能，可以对水工结构的安全性进行预警。监测数据一旦出现异常，便能迅速识别并定位问题，通过智能化在线闭合控制对偏差进行纠正，从而有效减少工程建设过程中的不确定性。此外，工程监理单位还引入了全过程真实工作性态仿真分析系统，基于在线实时采集的工程数据，对混凝土应力、温度、变形及进度进行耦合仿真分析，可为混凝土温控防裂提供重要的决策依据。

4.2.2 智能建造给工程监理带来的发展机遇和影响

随着智能建造技术的不断进步和广泛应用，许多传统的、重复性工作岗位正在被智能化、自动化系统所替代，给工程监理行业带来发展机遇，同时也给工程监理方式带来较大影响。

1. 智能建造给工程监理行业带来的发展机遇

智能建造技术的应用在推动整个建筑业向智能化、数字化方向发展的同时，不仅能提高工程监理的工作效率，而且能提高工程监理的工作质量。

（1）智能建造技术有助于提高工程监理的工作效率。应用智能建造技术，不仅可以减少传统工程监理工作中繁琐的数据收集和处理工作，而且可使工程监理人员能够更快速、更准确地掌握和分析工程进展情况，提高工程监理的工作效率。例如，通过应用BIM技术，工程监理人员可以在工程开工前就获取详尽的工程数据，并通过施工模拟提前发现并解决潜在的工程设计和施工问题。应用人工智能（AI）技术，可以辅助工程监理人员审查施工组织设计、施工进度计划、施工方案或专项施工方案等。在工程施工过程中，应用物联网技术可将施工现场各类设备和材料的状态信息实时传输到工程监理人员的终端设备，便于工程监理人员及时作出分析和判断，从而实现对施工过程的实时监控和精准管理。

（2）智能建造技术有助于提高工程监理的工作质量。结合智能建造技术，工程监理人员可以借助无人机巡检、智能监测系统等，更加有效地实现对施工质量的全天候、全方位监控。而且，通过对施工现场人员、材料、设备及环境等的智能化管理，可以实时识别并预警潜在的安全事故隐患，如高空坠物、基坑坍塌等，从而及时采取措施避免安全事故的发生。此外，还可以提高现场施工人员和监理人员的安全性。

2. 智能建造对工程监理工作方式的影响

在智能建造方式下，巡视、旁站、平行检验、见证等传统的工程监理工作方式会发生变化。

（1）巡视。传统建造方式下，工程监理人员需要亲自到现场巡视检查施工进展情况。智能建造方式下，可用远程视频监控和现场感知数据传送替代现场巡视，从而减少现场巡视的频率和人数。

（2）旁站。传统建造方式下，工程监理人员在现场监督关键部位、关键工序的施工过程，确保工程施工按标准进行。智能建造方式下，由于自动化设备或建筑机器人按预设程序或通过智能感知进行工作，工程监理人员的现场旁站可能会转变为远程监控和程序监督。

（3）平行检验。传统建造方式下，工程监理人员需要独立于施工方进行质量检验。智能建造方式下，平行检验可能会通过自动化设备内置的自检功能与工程监理人员的远程检验相结合来完成。

（4）见证。传统建造方式下，需要工程监理人员亲自见证工程材料、结构试块等的取样、封样和送检过程，以确保样品的真实性和代表性。智能建造方式下，可通过自动化采样设备进行采样，工程监理人员通过视频监控和数据记录来验证取样过程。

4.2.3 工程监理企业应对智能建造的发展策略

智能建造技术的不断进步和广泛应用，在逐步减少施工现场工程监理日常工作的同时，对工程监理企业及从业人员的业务能力提出了新的更高要求。工程监理企业及从业人员需要理解和掌握智能建造工艺流程和组织方式，提升自身的专业能力，应对智能建造带来的挑战，以确保在竞争激烈的监理市场中立于不败之地。

1. 提升工程监理人员对智能建造的适应能力

智能建造技术的迅速发展，使得工程监理人员的角色由传统的现场监督者转变为技术验证者和风险管理者，传统的工程监理工作方式已难以适应智能建造方式。为此，需要工程监理企业加强对工程监理人员的智能建造技术培训，这是工程监理企业在智能建造市场中确保竞争力和监理工作质量的关键。

工程监理企业应建立持续教育计划，并与专业机构合作，为工程监理人员提供3D打印、建筑机器人、建筑信息模型（BIM）、数智化监控、大数据、物联网等培训，使工程监理人员能够及时掌握最新的智能建造技术。鼓励工程监理人员参与行业相关会议，与同行进行探讨和交流，了解行业发展趋势。同时，可设立专门的研究团队，专题研究适用于智能建造方式的工程监理，助力智能建造方式下工程监理的创新发展。

2. 促使工程监理人员关注智能监测和分析设备性能

对于智能建造工程，需要通过安装传感器、摄像头等智能监测设备获取工程数据和图像信息，并通过智能分析设备进行分析预测，从而实现对施工现场的全方位实时监控和分析。这样有助于工程监理人员及时发现潜在的质量问题和安全风险。

为确保智能监测设备的有效运行，工程监理人员需要深入了解智能监测和分析设备的工作原理、技术参数和适用范围，保证这些设备在使用过程中的稳定性和效率。因此，定期检查智能监测和分析设备的校准情况，确保测量和控制的准确性，也是工程监理人员的重要职责。此外，工程监理人员还需要制定详细的设备维护计划，并定期对设备进行保养和维修，确保设备处于良好的工作状态。

3. 强化工程监理人员的风险防范能力

智能建造方式下的建设生产也会产生新的工程风险，如技术故障、网络安全问题等。为此，工程监理企业应建立全面风险管理框架，完善风险识别、评估、应对和监控机制。还要定期进行风险管理培训和应急演练，强化工程监理人员的风险管理意识和风险防范能力。

工程监理人员应结合智能建造特点，预见和识别与智能建造技术相关的潜在风险，并制定有针对性和可操作性的风险应对措施，同时还应建立一套完善的应急响应机制，包括明确的应急处理流程、责任分工和应对措施，确保在出现智能建造或监测技术问题时，能够迅速启动应急响应机制，有效处理问题。

4. 实现工程监理文档资料管理的数字化转型

传统的工程监理文档资料管理，虽有部分实现了电子化，但仍有大量纸质文件。这样的管理方式不仅在文档资料的存储、检索和共享等方面存在诸多不便，而且难以保证数据资料的完整性、准确性和安全性。智能建造方式下，工程监理文档资料的数量和种类也会急剧增长，需要实现工程监理文档资料管理的数字化转型。

云存储技术可为工程监理人员提供一个集中、安全、可扩展的文档存储和共享平台。通过云存储，工程监理人员可以随时随地访问工程监理文档资料。云存储技术的优势不仅在于便捷性，更在于其安全性和可追溯性。通过严格的权限管理和加密技术，云存储可以确保工程监理文档资料的安全性，防止信息泄露和非法访问。同时，云存储系统具有详细的日志记录功能，可以追踪和记录文档资料的修改和访问历史，确保信息的准确性和可追溯性。

4.3 工程监理数智化发展

2020年7月，住房城乡建设部等13部门联合印发的《关于推动智能建造与建筑工业化协同发展的指导意见》（建市〔2020〕60号）明确指出，要"围绕建筑业高质量发展总体目标，以大力发展建筑工业化为载体，以数字化、智能化升级为动力，创新突破相关核心技术，加大智能建造在工程建设各环节应用，形成涵盖科研、设计、生产加工、施工装配、运营等全产业链融合一体的智能建造产业体系，提升工程质量安全、效益和品质"。建造方式的变革，必然要求工程监理方式与之相适应，工程监理数智化发展势在必行。

2021年12月，国务院印发的《"十四五"数字经济发展规划》（国发〔2021〕29号）明确要求，要促进数字技术在全过程工程咨询领域的深度应用，引领咨询服务和工程建设模式转型升级。"数字技术在全过程工程咨询领域的深度应用"并非只是要求数字技术在全过程工程咨询中的深度应用，而是指数字技术在全过程工程咨询领域各个方面的深度应用，工程监理也不例外。因此，工程监理行业也要紧跟新时代建筑业发展方向，大力推进工程监理数智化发展，实现工程监理转型升级。

4.3.1 工程监理数智化发展重点及典型案例

工程监理数智化是指在工程监理服务过程中，综合应用建筑信息模型（BIM）、地理信息系统（GIS）、物联网、大数据、云计算、人工智能等新一代信息技术，实时、全面地收集各类工程数据，并进行分析、模拟和预测，为工程监理人员提供决策支持，实现工程各参建方之间的有效交流和协同，提升工程监理工作效率和质量，确保高品质工程建设的过程。近年来，已有部分工程监理企业开始运用BIM、物联网、大数据等新一代信息技术赋能工程监理，不断提升工程监理服务能力和水平，同时也提升了工程监理企业的核心竞争力。

1. 工程多维建模与仿真

工程多维建模以建筑信息模型（BIM）为基础，通过建立工程项目数字化模型，实现工程项目信息可视化，可以提高工程监理人员的信息整合和共享能力。应用数字孪生技术，可以整合和分析采集到的工程数据，以高保真度的动态数字模型来仿真刻画物理实体状态，能够在虚拟空间提前预演或实时模拟物理实体的活动。通过持续收集、更新和分析实际工程数据，与数字模型进行对比和校准，实现工程状态的实时监测和预测。数字孪生技术的应用，能够帮助工程监理人员更好地理解和管理工程项目，并及时作出调整和优化。借助工程多维建模与仿真技术，可实现对工程项目的精确模拟、实时监测和预测，从而提高工程监理工作的效率和质量。

此外，还可将BIM技术与虚拟现实技术（VR）相结合，帮助工程监理人员沉浸式体验虚拟空间，有助于提前发现问题，并为决策提供更全面、更可靠的信息支持。还可借助增强现实技术（AR），使工程监理人员将数字模型实时叠加到真实世界中。通过AR设备，工程监理人员可在现场观察虚拟设计模型、施工图纸等关键信息，从而更好地指导和监督施工过程。这种即时的数字信息呈现，可提高工程监理的工作效率，并可降低出错的可能性。

某医院项目总投资约1.45亿元，总建筑面积约25000平方米。项目监理机构根据BIM相关标准并结合项目实际情况，编制和实施了BIM+监理方案。首先，工程监理人员根据BIM标准建立了各专业工程BIM模型，对各建筑单体进行专业内、建筑与结构、建筑与机电、结构与机电等方面的碰撞检查，共发现图纸中的问题600余处、重大质量问题46条，涉及施工不合理区域11项。接着，现场监理人员利用BIM技术对机电管线安装预留预埋套管的高度和重力水管进行校核，以避免工程施工过程中穿墙套管预留高度不合理，管道安装返工造成建筑材料及人工浪费。经核查，地下室管道143个套管中，有39个高度有问题，经与相关参建单位协调解决，套管预埋准确率达到97%。此外，工程监理人员还应用BIM技术对施工进度进行模拟，通过无人机记录的施工现场实际进度与计划进度进行比较，实现了施工进度精细化管理。还有，运用BIM技术实现装修方案的可视化模拟，帮助建设单位快速确认装饰材料、装饰色系及造型方案等。

BIM技术还可用来模拟施工方案及设备运输方案，结合虚拟现实技术（VR）

进行安全场景体验等。该项目实施前，工程监理单位与施工单位协调，应用BIM技术进行施工进度模拟，采用分段验收方式，缩短工期120余天。通过图纸会审发现问题356项，节约成本占总投资的5.2%。通过建立BIM模型及综合调整，有效避免了管线碰撞及管道返工拆除，安装工程节约成本约占总投资的2.7%。利用BIM技术辅助现场监理工作，受到建设单位的表扬和奖励。

2. 工程监理服务数字化平台

工程监理服务数字化平台是实现工程监理服务数智化的重要基础和组成部分。首先，工程监理服务数字化平台应是一个以工程项目为中心，能够为工程参建各方提供协同工作条件的信息平台。工程参建各方可利用该信息平台进行投资、进度、质量、安全、绿色、合同等信息管理，并实现线上工程计量和支付管理等，提高工程参建各方的信息沟通效率和质量，促进工程项目信息管理的规范化和标准化。其次，工程监理服务数字化平台应是工程监理企业内部各部门日常办公时进行信息沟通，对人力资源、档案资料、财务信息等进行统一管理的支撑平台。工程监理企业内部可建立自己的数据库，上传所有工程监理项目资料并进行管理，还可收集汇总相关法律法规、政策文件、企业规章制度、标准规范、技术资料、合同范本、工程造价、材料设备等信息，为工程监理企业日常管理提供支持、借鉴和参考。

某工程监理公司为解决其面临的"项目多、人员少、任务重"的问题，通过搭建监理服务平台来实现资源整合、集中管控、实时监管和全程可追溯的目标。监理服务平台主要涵盖"智慧监理运营平台""智慧监理风控平台"及"智慧监理廉政平台"。其中，"智慧监理运营平台"可有效实现三大功能：监理日常工作数字化、实时化；监管过程管控标准化、痕迹化；监理人员考核管理平台化、信息化。"智慧监理风控平台"通过现场检查、远程检查、在线抽查，全方位加大项目监管力度。按照公司、部门、项目三级管控思路，可以对在建项目进行定期或不定期检查，并在管理门户上展示各项目的检查结果和排名。"智慧监理风控平台"还可实现事故隐患数据提取、分析、归类，将碎片化的事故隐患数据整合为一本"总账"，实时可视、多维可查、动态监管，构建起全方位、全流程、全时段的安全生产动态监管新模式。"智慧监理廉政平台"是一个廉政投诉平台，公司所有人员可通过扫描"廉政举报二维码"进行匿名投诉，旨在降低公司廉政风险。

3. 基于工程物联网的现场动态监测

工程监理人员可利用物联网技术，将各种传感器与互联网结合起来，能够实现对工程现场的远程实时监控。物联网技术能够使现场设备、传感器和监控系统之间即时联通，从而实现监理信息的实时传输。这种信息传输的实时性不仅能够使项目监理机构及时了解施工现场工程进展动态，实时监控和管理各类材料、设备质量和操作工人的质量安全行为，而且有助于项目监理机构及时发现问题并快速作出响应，还能为项目监理机构进行科学决策提供数据支持。

某工程项目体量大、专业工种多、工况复杂，结构体系新颖、施工工艺要求高、业主需求多。工程监理单位采用高清网络一体化球机作为前端设备，通过光纤传输视频信号，借助服务器端口和手机联动平台实现了施工现场远程监控。远程监控系统可以自动判定常规风险区及主要风险区是否处于在线查看与管理中。智能手环可以对工程监理人员的人身安全进行监控，当工程监理人员佩戴手环时，远程监控系统即可查看到其人脸识别考勤记录、是否合规佩戴安全帽等。对于工程监理人员在施工现场突发身体不适的，可及时进行健康风险报警，以便总监理工程师能够高效解决突发事件。

智能手环还可告知现场监理人员验收重点部位的定位，通过点位定格影像，来判断现场是否存在安全风险。智能手环借助传感器采集数据，可实时上传隐蔽工程影像资料。即使是隐蔽工程已覆盖，也可随时随地查找隐蔽前实时影像，从而实现隐蔽工程及复杂节点质量的可视化、可追溯，真正做到关键工序实效掌控。远程监控系统还可实时录入进场材料质量检查状况，直观显示待检、已检材料，还可通过输入关键词条，随时查找任何一批进场材料的质量证明材料，实现进场材料质量审查、复验一体化。

当施工现场不具备巡检或旁站条件时，工程监理人员可利用巡航无人机进行高空实时监测，并将数据传送至远程监控系统。这样，高空钢构件焊接全过程、全景便可展现在监控平台上。

4. 工程大数据驱动的智能化辅助决策

基于大数据和人工智能技术构建的智能决策支持系统，可以处理收集到的工程信息，为工程监理人员提供智能决策支持。智能决策支持系统不仅在数据处理方面具有优势，还能够基于历史数据进行学习，逐步提高预测和决策的准确性。智能决策支持系统的这种自适应性，可使系统能够更好地适应各类项目的独特性，为工程监理人员提供个性化、针对性强的决策支持，有助于提高决策质量和效率。此外，工程监理人员还可通过智能决策支持系统的学习，准确识别潜在的工程风险和问题，并及时向项目监理机构发出警报，快速提出相应的解决方案。

某工程监理公司通过建立工程监理专家系统来提高工程监理工作效率和质量。

首先，工程监理人员收集与工程监理工作相关的监理规划、监理实施细则、施工方案等文件资料，并进行数据清洗、去噪等预处理，以确保数据的质量和准确性。然后，工程监理人员利用深度学习和自然语言处理技术对收集到的数据进行学习和分析，采用文本分类算法对监理规划、监理实施细则、施工方案等文档进行分类，并应用实体识别技术提取关键信息。接下来，选择合适的算法模型建立人工智能辅助工程监理工作模型，将采集到的数据作为训练集，对模型进行训练和优化。应用知识图谱，可以提供领域专业知识和规范标准，以确保模型在专业知识方面的准确性。工程监理人员可与系统进行实时的文本交互，向系统提出问题，快速获取所需信息和指导，避免繁琐的数据处理和分析工作，从而能够抽出时间更专注于工程监理核心任务的执行和决策。此外，系统提供的专业指导还能够减少人为错误，提供一致性的决策支持。这种便捷的知识获取和共享机制，可大大提高工程监理工作的准确性和可靠性，促进工程监理行业的不断进步和发展。

4.3.2 工程监理数智化发展存在的主要问题

创新和变革工程监理方式，推进工程监理数字化、智能化，不仅有利于降低工程监理工作风险，而且能有效地为客户创造价值，实现数字交付和价值交付。然而，当前工程监理数智化发展仍存在诸多问题有待解决。

1. 行业认可度有待提升

工程监理数智化研究尚处于起步阶段，数智技术在工程监理中的应用价值和发展潜力尚未被广泛认识和接受。传统建造方式及工程监理方式方法在人们心中根深蒂固，有些工程监理企业及监理人员安于现状，几十年来计算机及信息网络技术应用基本上停留在工程监理工作流程及文档资料管理信息化层面。由于对工程监理数智技术应用的价值认识不足，真正将数字化、智能化技术应用于工程监理尚不多见。

2. 相关标准体系不健全

工程监理数智化发展离不开相关标准的引导和支持。全国尚未建立统一的数智化标准体系，包括新一代信息技术的融合应用标准，以及工程数据格式标准和交换标准等。由于缺乏这些标准，工程监理数智化缺乏明确的发展方向、指导原则及操作规范，驱动工程监理数智化发展的数据完整性不够，相关数据共享和互联互通也成为难题。

3. 技术开发尚不够成熟

工程监理数智化发展需要新一代信息技术融合应用，而不只是建筑信息模型（BIM）等单一技术的简单应用。即使是对于建筑信息模型（BIM）技术，将BIM 4D技术应用于施工模拟，或将BIM 5D技术应用于造价控制，在工程监理实践中尚不多见。事实上，建筑信息模型（BIM）、地理信息系统（GIS）、大数据、云计算、物联网、人工智能等技术的融合应用平台或工具开发，是一项复杂而系统的工程，加之建设工程的单件性特点，使得不同工程有着不同的数智化需求，从而给工程监理数智技术的开发应用带来挑战。此外，工程监理数智技术的开发应用及运行维护、更新迭代需要大量资金和时间投入，而这也是工程监理数智化进程缓慢的重要原因。

4. 人才队伍建设有待加强

工程监理数智化发展不仅需要新一代信息技术融合应用，而且需要大量工程监理实践经验、专业判断和洞察能力，这就需要一大批既懂信息技术又懂工程监理业务的复合型人才。因此，人才队伍建设对于工程监理数智化发展至关重要。目前，工程监理数智技术开发应用所需的复合型人才匮乏，使得工程监理数智化发展面临巨大挑战。

4.3.3 推进工程监理数智化发展的建议

针对存在的主要问题，建议采取以下措施推进工程监理数智化发展。

1. 加强宣传和培训教育，推动数智技术示范应用

有关部门和企业可以采用专题培训、经验交流等方式进行宣传和培训教育，使工程监理人员特别是工程监理企业主要负责人学习和理解数字化、智能化技术及其应用于工程监理的作用，以及在哪些工程监理活动中能够应用数智化技术和如何应用等。特别是通过设立一些示范项目，推动数智技术在工程监理中的试点应用，形成可复制、可推广的应用经验，对于在更大范围内推动工程监理数智化发展意义重大。

2. 尽快制定相关标准，开发工程监理数智工具箱

借鉴国内外数智技术应用经验，结合工程监理工作内容和特点，尽快制定工程监理数智技术应用标准，明确工程监理数智化平台的功能模块、设备参数数据格式等内容，便于开发具体可行、自主可选、功能可拓的工程监理数智化平台。同时，针对施工现场量大面广的监理工作，逐步开发施工现场监理数智工具箱，便于更好地发挥工程监理作用，不断提升工程监理的规范化运行和水平。

3. 强化人才队伍建设，培养复合型数智化人才

人才是工程监理的第一资源，也是工程监理数智化发展的第一资源。工程监

理企业要完善工程监理人才引育留用机制，吸引和培养既精通工程监理业务又掌握数字化、智能化技术的复合型人才，为推动工程监理数智化发展提供人才支持。此外，还可通过建立工程监理行业数智化发展专家库和战略联盟，加强产教融合和校企合作等方式，促进工程监理数智化发展的理论研究和人才培养，引导和推动工程监理数智化的持续创新。

4.4　ESG发展及其对工程监理企业的影响

ESG是"环境（Environmental）、社会（Social）和公司治理（Governance）"的缩写。ESG是一种新兴的投资理念和企业行动指南，强调企业在经营活动中不仅要考虑财务绩效，还应同时关注环境责任、社会责任和公司治理等多方面因素，以实现可持续发展。

4.4.1　ESG基本内涵及践行意义

1. ESG 基本内涵

ESG是一种评估企业在可持续发展方面表现的综合框架。其中，环境（Environmental）、社会（Social）和公司治理（Governance）三大组成部分的基本内涵如下。

（1）环境（Environmental）：关注企业对自然环境的影响，包括能源消耗、温室气体排放、资源利用效率、废弃物管理及应对气候变化的措施等，如企业是否采用环保生产工艺，以减少对水、空气和土壤的污染。

（2）社会（Social）：涵盖企业与员工、消费者、社区及其他利益相关者的关系，包括员工的福利与权益保障，如工资待遇、工作环境、职业发展机会；产品或服务的安全性与质量，是否能保障消费者的合法权益；企业在社区中的参与和贡献，如支持教育、医疗、扶贫等公益事业；企业在供应链中是否遵循人权原则，确保不存在强迫劳动、童工等问题。

（3）公司治理（Governance）：主要涉及企业内部管理和决策机制，包括董事会的构成与独立性、高管薪酬政策的合理性、审计监督的有效性、反腐败和商业道德等。

ESG理念认为，通过综合考量这些非财务因素，可以更全面地评估企业的风险和机会，从而促进企业的长期可持续发展，并为投资者提供更全面的决策依据。

2. 企业践行 ESG 的意义

在当今商业环境中，企业不再仅仅关注传统的财务指标，而是越来越注重自身在经济、社会和环境三方面的综合表现。ESG理念已逐渐成为衡量企业可持续发展能力的重要标准。企业践行ESG的意义主要体现在以下几方面。

（1）有利于提升企业声誉和品牌形象。随着消费者和投资者日益关注企业的非财务绩效，积极践行ESG的企业往往能够获得更多的社会认可和信任。这种认可不仅有助于企业在市场上树立良好的、负责任的社会形象，还能够吸引更多具有相同价值观的合作伙伴和客户。

（2）有利于降低运营风险。践行ESG能够帮助企业识别和应对潜在风险。对于环境风险，企业可通过减少资源消耗、采用清洁能源等方式降低对环境的负面影响；在社会风险方面，企业关注员工权益、保障产品质量和安全生产，可减少社会纠纷和法律风险；在治理风险方面，完善公司治理结构、提高决策透明度和效率能够避免内部腐败和管理不善等问题。

（3）有利于创造长期价值。践行ESG不仅关注企业短期利益，更注重其长期发展潜力。企业通过研发投入、人才培养、推动创新等方式，在ESG领域积累优势，形成独特的竞争力。这种竞争力不仅有助于企业在市场竞争中脱颖而出，而且有助于企业在未来竞争中占据有利地位。

（4）有利于吸引和留住优秀人才。在现代社会，越来越多的年轻人和专业人士开始关注企业的社会责任和道德标准，他们更倾向于在那些能够积极履行ESG责任的企业工作。因此，积极践行ESG的企业更容易留住员工，而员工们在这样的工作环境中会有更多的成就感和归属感。

（5）有利于拓展融资渠道。随着ESG投资理念的普及，越来越多的投资者开始关注企业的ESG表现。投资者更愿意将资金投给那些能够积极履行ESG责任的企业，以期获得更好的投资回报。因此，具有良好ESG表现的企业往往能够更容易地获得融资支持。

4.4.2 ESG在建筑业的实践

相比之下，建设单位和施工单位对于ESG实践表现出较高的成熟度和先进性。这些企业通过ESG实践，不仅提升了自身的可持续发展能力，也推动了整个行业进步，为工程监理企业提供了借鉴和参考。

1. 环境维度的实践

（1）绿色施工与建筑。有的建筑企业在建筑设计中采用可持续材料和水资源管理措施，减少建筑物的能源消耗和碳排放。有的建筑企业在高原铁路、高速铁路等工程施工中实施绿色施工标准，采用节能减排的施工技术和环保材料，减少建筑废弃物，减少施工对环境的影响。有的企业建立绿色发展全流程体系，以"6G"（绿色投资、绿色创新、绿色产品、绿色制造、绿色服务、绿色企业）目标为指引，助力国家绿色低碳发展。

（2）能源管理与碳减排。有的建筑企业通过智能水电检测系统和喷淋系统实现能源的有效管理和污染控制，同时利用太阳能等清洁能源，显著降低碳排放。

2. 社会维度的实践

（1）职业健康与安全。有的建筑企业通过劳务实名制系统、智能安全帽定位系统等对施工劳务人员进行有效管理，提高施工安全性，减少工伤事故。有的建筑企业注重职业健康培训，通过开展职业病防治与职业健康防护知识讲座，以及系列防治主题活动，加强职业健康教育，提高员工对职业健康的认识和自我保护能力。有的企业引入了杜邦安全管理体系，强化了现场安全管理。

（2）社区参与和员工关怀。有的企业通过参与社区建设和提供公共空间，促进社区和谐。同时，有的企业定期组织员工健康体检和心理讲座，提升员工的幸福感和归属感。有的企业通过基层党组织、工会组织、共青团组织，全面开展"E心关爱"品牌建设，打破"零散化"心理帮扶格局；同时开展"午后心理话"活动，释放员工负面情绪，通过心理沙盘游戏、心理绘画等形式，为员工提供心理疏导服务，提升员工服务水平和工作状态。

3. 治理维度的实践

（1）公司治理结构。有的建筑企业将践行ESG作为一项重要战略任务进行部署，组织召开ESG研讨会、党组（党委）理论学习中心组ESG专题联学会，成立工作专班加快推进ESG体系建设，积极探索独具特色的ESG管理体系。有的建筑企业每年披露可持续发展报告，在报告中融入ESG有关内容。

（2）合法合规。有的建筑企业严格规范企业管治，坚守合规底线，成立合规管理委员会，落实"合规管理强化年"专项工作，组织集团总部、二级单位及基层企业按照"全级次、全领域、全覆盖，横向到边、纵向到底、不留死角"的要求，建立"全面覆盖+重点领域"工作双条线，制定问题、措施、时限"三个清单"，统筹推进问题整改。

4. 跨维度综合实践

多数企业横跨多个维度践行ESG，如公布ESG报告，构建ESG指标体系，开展技术创新，严格规范企业治理等。

有的建筑企业将高质量发展理念融入ESG管理，建立管理层深度参与、专业部门横向协同的组织保障体系，统筹协调和推进落实企业整体践行ESG工作。公司总裁办公会组织召开ESG相关议题研讨和实践，对企业践行ESG进行总体部署，审核企业年度社会责任报告，集中决策ESG管理中的重大事项。企业连续编制ESG年度报告，披露在环境保护、社会责任和公司治理方面的进展和成效，增强信息透明度。

有的建筑企业通过技术创新，如VR模拟安全教育和智能安全管理，提升施工安全和效率，同时推动智慧工地建设。也有建筑企业在"走出去"战略指引下，践行ESG理念。在"一带一路"沿线国家建设大型水电项目，提供具有市场竞争力的清洁能源供应。有的建筑企业在项目建设过程中通过实施奖学金计划，为当地社区建设学校、医院、道路等公益项目。

4.4.3 工程监理企业践行ESG的意义及思路

1. 工程监理企业践行 ESG 的意义

工程监理企业践行ESG，不仅需要在企业文化方面作出转变，建立新的管理体系并加强员工培训，而且需要提高信息披露的透明度，还会增加监管与合规成本。但与此同时，工程监理企业践行ESG具有以下重要意义。

（1）有利于提升企业品牌形象和竞争力。通过积极践行ESG，工程监理企业可以构建和维护一个负责任、有担当的品牌形象，有助于企业在市场中获得更好的认可和声誉，进而提升市场竞争力。

（2）有利于强化企业风险管理。工程监理企业践行ESG，有助于企业更好地识别和应对与环境、社会相关的风险，提高企业抗风险能力。

（3）有利于促进创新与业务模式转变。ESG要求企业在环境和社会责任方面进行创新，这样会促使企业开发新的业务模式，提供更有价值的服务。

（4）有利于吸引和留住优秀人才。工程监理企业践行ESG，会使员工感受到更多的成就感和归属感，这样的企业更容易吸引和留住优秀人才，这对于当今优秀监理人才匮乏的企业意义重大。

2. 工程监理企业践行 ESG 的思路

工程监理企业虽在践行ESG方面较为缓慢，但可借鉴建筑企业ESG的实践经验，结合自身特点建立ESG管理体系，在ESG领域实现全面进步和创新发展。

（1）环境维度：绿色建筑的守望者。工程监理企业在推动绿色建筑和绿色建材使用方面扮演着重要角色。工程监理企业通过督促施工单位采用环保材料和节能技术，减少建造过程中的废弃物和污染排放、实施噪声控制等，为施工现场环境保护作出积极贡献，助力实现绿色建造目标。同时，通过监控施工单位的能源使用情况，实时监测施工现场能耗数据，可为降低能源消耗、实现绿色施工提供有力支持。

（2）社会维度：员工与社区的守护者。工程监理企业可以通过强化职业健康安全管理，确保员工接受必要的安全培训，并采取有效的劳动保护措施。定期的安全检查和风险评估可以进一步强化施工现场安全管理。同时，工程监理企业通过参与社区服务和关系建设，积极履行社会责任，不仅有助于提升工程监理企业的社会形象，也可以为社会贡献积极力量。

（3）治理维度：企业责任与智慧监督的先锋军。在工程监理企业发展ESG的蓝图中，"治理维度"扮演着核心角色，它不仅涵盖企业内部综合治理的优化，而且还包含风险管理、合规性监督、技术应用能力提升，以及教育与培训的全面强化。工程监理企业应意识到，ESG最核心的布局是治理层面的问题，应在未来ESG实践中得到着重关注。

1）优化企业内部综合治理。工程监理企业通过建立透明的管理和决策流程，提高治理水平。企业可以通过设立专门的ESG委员会、工作组或部门，明确管理层和董事会在践行ESG过程中的责任，从而显著提升ESG在企业决策中的地位。企业应建立或优化企业内部ESG管理体系，将ESG理念融入企业文化和运营策略中，进一步提升ESG绩效。企业还应开发应用工程监理数智化手段，提升工程监理工作效率和透明度，确保工程监理决策的科学性和公平性。

2）加强风险管理与合规性监督。工程监理企业应结合工程监理业务特点，将ESG因素融入风险评估与管理体系，从而具备预判潜在风险的能力。同时，工程监理企业应监督施工单位遵守相关法律法规，通过定期的合规性检查监督，帮助工程建设各方参与主体避免法律风险，保证工程建设的合法合规。

3）提升先进技术开发应用能力。开发应用先进技术是工程监理企业提升服务质量和效率的关键。开发应用建筑信息模型（BIM）和数字化、智能化监控系统等技术，不仅有助于工程监理企业提高专业化服务水平，也有利于企业实现工程监理数智化转型。

4）加大教育和培训投入。工程监理专业人才培养是工程监理企业提升ESG实践水平的关键。为此，企业需要加强对管理层和员工的ESG培训，提升他们对ESG重要性的认识和实践能力，确保企业管理层和员工能够支持并推动企业实现ESG目标。

第 5 章

大事记、协会课题
标准及获奖项目
参与监理企业

5.1 2023～2024年大事记

5.1.1 国家层面大事记

• 2023 年

2月6日　中共中央 国务院发布《质量强国建设纲要》，提出全面落实各方主体的工程质量责任，强化建设单位工程质量首要责任和勘察、设计、施工、监理单位主体责任；完善勘察、设计、监理、造价等工程咨询服务技术标准，鼓励发展全过程工程咨询和专业化服务。

2月27日　中共中央 国务院印发《数字中国建设整体布局规划》提出，到2025年，基本形成横向打通、纵向贯通、协调有力的一体化推进格局，数字中国建设取得重要进展。

7月14日　中共中央 国务院出台《关于促进民营经济发展壮大的意见》提出，民营经济是推进中国式现代化的生力军，是高质量发展的重要基础，是推动我国全面建成社会主义现代化强国、实现第二个百年奋斗目标的重要力量。

9月6日　中共中央办公厅 国务院办公厅发布《关于进一步加强矿山安全生产工作的意见》指出，要加强矿山领域安全评价、设计、检测、检验、认证、咨询、培训、监理等第三方服务机构监督管理。

11月3日　国务院办公厅转发国家发展改革委、财政部《关于规范实施政府和社会资本合作新机制的指导意见》的通知（国办函〔2023〕115号）发布。

11月19日　国务院办公厅关于转发国家发展改革委《城市社区嵌入式服务设施建设工程实施方案》的通知（国办函〔2023〕121号）发布。

• 2024 年

3月5日　《政府工作报告》（2024年第9号）发布，提出要稳步实施城市更新行动，推进"平急两用"公共基础设施建设和城中村改造，加快完善地下管网，推动解决老旧小区加装电梯、停车等难题，加强无障碍环境、适老化设施建设，打造宜居、智慧、韧性城市。

5月8日　《国务院办公厅关于创新完善体制机制推动招标投标市场规范健康发展的意见》（国办发〔2024〕21号）提出，坚持问题导向、标本兼治，坚持系统观念、协同联动，坚持分类施策、精准发力，坚持创新引领、赋能增效等四项总体要求，并强调要进一步完善招投标制度体系、不断夯实招标人主体责任、完善评标定标机制、推进数字化智能化转型升级等要点。

7月18日 《中共中央关于进一步全面深化改革 推进中国式现代化的决定》提出，要构建新型基础设施规划和标准体系，健全新型基础设施融合利用机制，推进传统基础设施数字化改造，拓宽多元化投融资渠道，健全重大基础设施建设协调机制。

7月28日 国务院印发《深入实施以人为本的新型城镇化战略五年行动计划》的通知（国发〔2024〕17号）指出，要以人口规模大密度高的中心城区和影响面广的关键领域为重点，深入实施城市更新行动，加强城市基础设施建设，特别是抓好城市地下管网等"里子"工程建设，加快补齐城市安全韧性短板，打造宜居、韧性、智慧城市。

7月31日 《中共中央 国务院关于加快经济社会发展全面绿色转型的意见》指出，要大力发展绿色低碳建筑，加快既有建筑和市政基础设施节能节水降碳改造。

8月1日 《中共中央办公厅 国务院办公厅关于完善市场准入制度的意见》发布，提出由法律、行政法规、国务院决定、地方性法规设定的市场准入管理措施，省、自治区、直辖市政府规章依法设定的临时性市场准入管理措施，全部列入全国统一的市场准入负面清单严禁在清单之外违规设立准入许可、违规增设准入条件、自行制定市场准入性质的负面清单。

11月26日 中共中央办公厅、国务院办公厅印发《关于推进新型城市基础设施建设打造韧性城市的意见》，旨在深化城市安全韧性提升行动，推进数字化、网络化、智能化新型城市基础设施建设，打造承受适应能力强、恢复速度快的韧性城市，增强城市风险防控和治理能力。

12月11日至12日 中央经济工作会议在北京举行。会议指出，明年要保持经济稳定增长，保持就业、物价总体稳定，保持国际收支基本平衡，促进居民收入增长和经济增长同步；要坚持稳中求进、以进促稳、守正创新、先立后破，系统集成、协同配合，充实完善政策工具箱，提高宏观调控的前瞻性、针对性、有效性。会议确定了明年要抓好的九项重点任务。

5.1.2 相关部委大事记

• 2023 年

2月17日 《关于进一步加强隧道工程安全管理的指导意见》（安委办

〔2023〕2号）发布，明确了监理的安全管理职责，强化对勘察、设计、施工、监理、监测、检测单位的安全生产履约管理；严格落实监理单位安全责任，认真审查专项施工方案，督促施工单位落实法律法规、规范标准和设计有关要求，加强日常安全检查；严格施工现场监理监督检查，防止施工方案和现场施工"两张皮"；对超前处理、钻孔、爆破、找顶、支护、衬砌、动火、铺轨等关键作业工序，监理人员应加强监督，项目部管理人员必须进行旁站监督。

3月21日 《住房和城乡建设部等15部门关于加强经营性自建房安全管理的通知》（建村〔2023〕18号）发布，强调要从管住存量、严控增量、完善机制三方面全面加强经营性自建房安全管理。

4月28日 《住房和城乡建设部办公厅发布关于推行勘察设计工程师和监理工程师注册申请"掌上办"的通知》（建办市函〔2023〕114号）发布，自2023年5月8日起，新增勘察设计注册工程师（二级注册结构工程师除外）、注册监理工程师注册申请"掌上办"功能。

6月7日 《住房和城乡建设部关于进一步加强城市房屋室内装饰装修安全管理的通知》（建办〔2023〕29号）发布，明确了城市房屋所有人、使用人是房屋室内装饰装修安全管理的第一责任人，实施房屋室内装饰装修活动应当严格遵守有关法律法规规章规定，严格执行法定情形下必须委托具有相应资质等级设计单位、装饰装修企业的规定。

7月31日 《住房城乡建设部关于推进工程建设项目审批标准化规范化便利化的通知》（建办〔2023〕48号）发布，要求从大力推进审批标准化规范化、持续提升审批便利度、进一步优化网上审批服务能力、加强事中事后监管等方面，加快推进房屋建筑和城市基础设施等工程建设项目审批标准化、规范化、便利化，进一步提升审批服务效能，更好地满足企业和群众办事需求，加快项目落地。

9月6日 《住房城乡建设部关于进一步加强建设工程企业资质审批管理工作的通知》（建市规〔2023〕3号）要求，自9月15日起，企业资质审批权限下放试点地区不再受理试点资质申请事项，统一由住房城乡建设部实施。

9月22日 《国家铁路局关于加强铁路工程监理工作的通知》（国铁工程监规〔2023〕24号）发布，旨在更好地促进铁路工程监理发挥作用，调动铁路工程监理队伍的积极性，规范铁路工程监理行为，保障铁路工程优质安全，服务铁路建设高质量发展。

10月24日 《住房城乡建设部办公厅关于开展工程建设项目全生命周期数字化管理改革试点工作的通知》（建办厅函〔2023〕291号）发布，决定在天津等27

个地区开展工程建设项目全生命周期数字化管理改革试点工作。

11月23日 住房城乡建设部在浙江省温州市召开智能建造工作现场会，贯彻落实全国住房和城乡建设工作会议精神，通报智能建造试点工作进展，交流各地发展智能建造的经验做法，部署推进重点工作任务，推动建筑业实现高质量发展。

12月19日 工业和信息化部、国家发展改革委等十部门联合印发《关于印发绿色建材产业高质量发展实施方案的通知》（工信部联原〔2023〕261号），提出绿色建材产业高质量发展的总体要求、主要目标、重点任务和保障措施。

12月21～22日 全国住房城乡建设工作会议在北京召开。会议以习近平新时代中国特色社会主义思想为指导，全面贯彻落实党的二十大精神，认真落实中央经济工作会议精神，系统总结2023年工作，分析形势，明确2024年重点任务，推动住房城乡建设事业高质量发展再上新台阶。住房城乡建设部党组书记、部长倪虹作工作报告。

• 2024 年

1月8日 《交通运输工程监理工程师注册管理办法》（交通运输部令2024年第3号）公布，自2024年5月1日起施行。该办法明确了注册对象、注册类型、注册流程、注册证书与执业印章管理、继续教育要求及监督管理措施。

1月23日 《自然资源部 住房城乡建设部 水利部 应急管理部关于加强城市地质安全风险防控的通知》（自然资发〔2024〕19号）发布，要求各地加强城市地质安全风险防控，有效防范和坚决遏制重特大地质安全事故发生。通知明确，监理单位负责审查施工方案，监督施工单位按设计要求和施工方案落实地质风险控制措施。

2月2日 国家发展改革委等部门关于印发《绿色低碳转型产业指导目录（2024年版）》的通知（发改环资〔2024〕165号）发布，明确了节能降碳产业、环境保护产业等绿色低碳转型重点产业的细分类别和具体内涵，为各地方、各部门制定完善相关产业支持政策提供依据，为培育壮大绿色发展新动能、加快发展方式绿色转型提供支撑。

2月4日 住房城乡建设部办公厅 市场监管总局办公厅关于印发《房屋建筑和市政基础设施项目工程建设全过程咨询服务合同（示范文本）》的通知（建办市〔2024〕8号）发布。

2月7日 住房城乡建设部发布《"数字住建"建设整体布局规划》，明确要坚持党的全面领导、改革创新、整体协同、数据赋能、安全可控的工作原则，紧紧围绕好房子、好小区、好社区、好城区这条主线，加强"数字住建"顶层设计、整体布局，全面提升"数字住建"建设的整体性、系统性、协同性，促进数字技术和住房城乡建设业务深度融合，以数字化驱动住房城乡建设事业高质量发展，以"数字住建"助力中国式现代化。

3月18日　市场监管总局会同中央网信办、国家发展改革委等18部门联合印发《贯彻实施〈国家标准化发展纲要〉行动计划（2024—2025年）》，就2024年至2025年贯彻实施《国家标准化发展纲要》提出具体任务：有序推进全域标准化深度发展，着力提升标准化发展水平，稳步扩大标准制度型开放，不断夯实标准化发展基础，使标准化在加快构建新发展格局、推动经济社会高质量发展中发挥更大作用。

3月25日　由中华人民共和国国家发展和改革委员会、中华人民共和国工业和信息化部、中华人民共和国住房和城乡建设部、中华人民共和国交通运输部、中华人民共和国水利部、中华人民共和国农业农村部、中华人民共和国商务部、国家市场监督管理总局联合发布《招标投标领域公平竞争审查规则》（2024年第16号令）。该《规则》坚持问题导向和响应市场呼声，从职责分工、审查标准、工作流程、执行监督等多个方面对招标投标领域实施公平竞争审查工作做出系统性安排。

4月8日　《住房城乡建设部关于开展房屋市政工程安全生产治本攻坚三年行动的通知》发布。提出要提升危大工程安全管控水平，加强施工现场数字化赋能。

4月8日　住房城乡建设部办公厅关于印发《城市轨道交通工程投资估算指标》的通知（建办标〔2024〕18号）发布。《城市轨道交通工程投资估算指标》（ZYA3-12-2024）自2024年7月1日起实施。

5月17日　全国切实做好保交房工作视频会议在京召开。会议要求扎实推进保障性住房建设、城中村改造和"平急两用"公共基础设施建设"三大工程"。住房城乡建设部有关负责人表示，加快推进"三大工程"，既是利民之举，又是发展之计，也是转型之策。

5月17日　国家标准化管理委员会、中央网信办、工业和信息化部、公安部、住房城乡建设部、交通运输部、水利部、国家卫生健康委、应急管理部、中国气象局、国家粮食和储备局等11部门联合印发《关于实施公共安全标准化筑底工程的指导意见》提出：在建筑产品设备领域，以增强建筑抗震能力为目标，研究制修订工程抗震、减震、隔震相关产品标准，完善建筑隔震橡胶支座、建筑摩擦摆隔震支座、金属滑轨隔震支座、建筑钢结构球型支座产品标准。为保障施工安全，修订完善脚手架、建筑结构材料、幕墙胶粘剂、钢筋连接、建筑部品部件等相关产品标准。

7月26日　《住房城乡建设部办公厅关于实施〈建设工程质量检测管理办法〉〈建设工程质量检测机构资质标准〉有关问题的通知》（建办质〔2024〕36号）发布，从加强检测资质管理、活动管理、人员管理、监督管理4方面进一步明确了《建设工程质量检测管理办法》和《建设工程质量检测机构资质标准》执行中存在的具体问题。

8月24日　中央网信办秘书局、国家发展改革委办公厅、工业和信息化部办公厅、自然资源部办公厅、生态环境部办公厅、住房城乡建设部办公厅、交通运输部办公厅、农业农村部办公厅、市场监管总局办公厅、国家数据局综合司等十部门联合印发《数字化绿色化协同转型发展实施指南》提出，要完善建筑行业双化协同发展基础，加快绿色低碳建筑产业发展，全面提升建筑行业绿色化发展水平。要以绿色智慧城市建设为抓手，促进建筑、能源等多领域在绿色低碳方面的全方位协同。

9月4日　《住房城乡建设部办公厅关于开展建筑起重机械备案证和房屋市政工程施工安全监督人员考核合格证书电子化工作的通知》发布。根据通知，自2024年10月1日起，在全国范围内开展建筑起重机械备案证电子化试运行工作；2024年12月31日前，全面实行建筑起重机械备案电子证照制度。已发放房屋市政工程施工安全监督人员考核合格纸质证书的地区，自2024年10月1日起，换发标准电子证照；未发放纸质证书的地区，应于2024年12月1日前，组织完成本地区施工安全监督人员考核工作；于2024年12月31日前，完成本地区考核合格证书电子证照发放工作。

9月4日　《住房城乡建设部办公厅关于开展建筑起重机械备案证和房屋市政工程施工安全监督人员考核合格证书电子化工作的通知》发布，要求自2024年10月1日起，在全国范围内开展建筑起重机械备案证电子化试运行工作；2024年12月31日前，全面实行建筑起重机械备案电子证照制度。

10月18日　国家发展改革委、工业和信息化部、住房城乡建设部、交通运输部、国家能源局、国家数据局六部门联合发布《关于大力实施可再生能源替代行动的指导意见》（发改能源〔2024〕1537号），大力实施可再生能源替代行动，促进绿色低碳循环发展经济体系建设，推动形成绿色低碳的生产方式和生活方式。

10月25日　住房城乡建设部印发《城市数字公共基础设施标准体系》，描述了标准体系的基本组成单元，包括基础通用、网络基础设施、算力基础设施、感知基础设施、融合基础设施、公共数字底座、应用支撑、建设与运营、安全与保障9类标准规范。

10月25日 《住房城乡建设部办公厅关于印发建设工程企业资质证书电子证照标准的通知》发布，要求形成全国统一的电子证照版式。

10月29日 《住房城乡建设部办公厅关于加强建设工程企业资质动态核查工作的通知》（建办市〔2024〕52号）发布，旨在进一步完善"宽进、严管、重罚"的建筑市场监管机制，规范建筑市场秩序，保障工程质量和人民生命财产安全。

12月24~25日 全国住房城乡建设工作会议在北京召开。会议以习近平新时代中国特色社会主义思想为指导，全面贯彻党的二十大和二十届二中、三中全会精神，认真落实中央经济工作会议精神，系统总结2024年工作，部署进一步全面深化住房城乡建设领域改革，明确2025年重点任务，奋力推进住房城乡建设事业高质量发展。住房城乡建设部党组书记、部长倪虹作工作报告，副部长姜万荣作总结讲话。

5.1.3 协会大事记

● **2023年**

2月9日 中国建设监理协会发布《建筑工程项目监理机构人员配置导则》团体标准。该标准的发布对于指导建筑工程项目监理机构人员配备、提升建筑工程监理工作质量和水平，推动工程监理行业健康持续发展具有现实意义。

3月13日 中国建设监理协会发布《监理工作信息化导则》《工程监理企业发展全过程工程咨询服务指南》《工程监理职业技能竞赛指南》等三项试行标准。

3月23日 全国建设监理协会秘书长工作会议在湖南长沙顺利召开，就2023年工作做了具体布置。各省、自治区、直辖市建设监理协会，中国建设监理协会各分会，有关行业建设监理专业委员会及副省级城市建设监理协会秘书长等60余人参加了会议。

6月26日 中国建设监理协会江苏省片区个人会员业务辅导活动在江苏南京成功举办。来自江苏省的个人会员近200人参加了本次辅导活动，本次活动邀请了中国建设监理协会会长王早生，中国工程院院士刘加平，东南大学教授郭正兴，北京交通大学教授刘伊生以及江苏建科工程咨询有限公司副总经理李存新等相关专家学者进行授课。

7月12日 由中国建设监理协会主办，吉林省建设监理协会和山东省建设监理与咨询协会联合承办的东北片区个人会员业务辅导活动在吉林长春成功举办。

来自吉、鲁、黑、辽等地的300多位中国建设监理协会个人会员参加此次活动。

7月17日 由中国建设监理协会主办，河南省建设监理协会承办的中南片区个人会员业务辅导活动在河南郑州成功举办。来自湖北、湖南、广东、广西、海南、河南6省的300多位中国建设监理协会个人会员参加了现场辅导活动，2万余人在线收看了业务辅导活动的视频和图片直播。

7月27日 中国建设监理协会主办、甘肃省建设监理协会协办的监理企业改革发展经验交流会在甘肃兰州召开。会议旨在提升监理企业管理水平，交流监理企业应对改革带来的机遇与挑战及创新发展的经验，促进建筑业高质量发展。

9月4日 《中国建设监理协会服务高质量发展专项行动实施方案》印发，旨在引领行业凝聚共识、改革创新和高质量发展。

10月8日 中国建设监理协会与澳门工程师学会在京签署合作备忘录。通过加强与澳门工程师学会的合作与交流，为双方未来的会员互认奠定基础，共同推进内地与澳门地区监理行业的高质量发展。

11月29日 中国建设监理协会主办、江苏省建设监理与招投标协会协办的工程监理数智化工作经验交流会在江苏南京顺利召开。旨在加快推进工程监理数智化发展，提升工程监理品质，共促建筑业高质量发展。

12月5日 中国建设监理协会《监理人员职业标准》课题成果转团体标准研究课题验收会在河南郑州召开。该标准提出了监理人员职业标准和分级管理的新方法，课题成果对行业人才队伍建设与管理、计费方式改革和诚信体系建设具有积极意义。

12月12日 中国建设监理协会《施工阶段项目管理服务标准》课题成果转团体标准研究课题验收会在上海召开。通过此次研究，以团标的形式将成果固化，更好地指导工程监理企业开展项目管理工作。

12月12日 中国建设监理协会《会员信用评估标准修订》课题验收会在上海召开。结合国家、行业关于信用体系建设的政策和要求，以及中国建设监理协会对会员信用评价的组织模式、信用信息采集渠道、信用评价程序、信用评价结果应用等要求对评价标准进行了修订。

12月14日 中国建设监理协会主办，陕西省建设监理协会承办，甘肃省建设监理协会、新疆建设监理协会、宁夏建筑业联合会监理分会、青海省建设监理协会协办的中国建设监理协会西北片区个人会员业务辅导活动在陕西西安举行。西北五省个人会员共350余名参加现场辅导活动。

12月18日 中国建设监理协会成立30年暨工程监理制度建立35周年大会在

河南郑州召开。本次大会全面回顾总结了协会和监理行业的发展历程，充分展示了监理行业所取得的丰硕成果，进一步鼓舞了行业士气、展示了行业风采，为树立行业良好形象，提升协会和行业的凝聚力打下了坚实基础。

12月25日　中国建设监理协会第七届会员代表大会暨七届一次理事会、七届一次监事会在安徽合肥召开。住房和城乡建设部党组成员、副部长王晖出席会议并作重要讲话，住房和城乡建设部建筑市场监管司司长曾宪新、人事司副司长陈中博，安徽省住房和城乡建设厅党组成员、副厅长刘孝华，中国建设监理协会第六届理事会会长王早生、副会长李明安等领导出席会议。来自全国各省、自治区、直辖市建设监理协会、行业建设监理专业委员会、专业分会、专家委员会以及单位会员等领导、嘉宾、会员代表共计1000余人参加了会议。

● **2024 年**

1月19日　中国建设监理协会《建设工程监理团体标准编制导则》（简称《导则》）修订课题验收会在河南郑州召开。《导则》修订的目的在于进一步加强对标准制定工作的规范和引导，加快团体标准编制工作的标准化、规范化进程，为监理行业的团体标准编制提供编写指南。

3月13日　全国建设监理协会秘书长工作会议在天津顺利召开。会议解读了协会2024年工作要点，通报了秘书处2024年具体工作安排。同期召开监理行业宣传工作会议，共同探讨加强监理行业的宣传和推广，以提升监理行业的社会认知度和影响力，为行业健康发展营造良好的舆论氛围。来自全国各省、自治区、直辖市建设监理协会，行业建设监理专委会，中国建设监理协会各分会，副省级城市建设监理协会的会长、秘书长和新闻宣传员等130余人参加了会议。

6月12日　《中国建设监理协会单位会员信用评价标准（2024年版）》《中国建设监理协会单位会员信用评价管理办法（2024年版）》发布。

6月18~19日　由中国建设监理协会联合中国交通建设监理协会、中国水利工程协会和中国铁道工程建设协会共同主办的"全国工程监理行业发展大会（2024）"在北京隆重召开。来自住房城乡建设部、交通运输部、水利部、中国国家铁路集团有限公司（原铁道部）等领导，中国工程院院士、高校教授、中国工程监理大师等行业专家，各省、自治区、直辖市监理协会代表，有关行业专委会、分支机构及新闻媒体等代表参加会议，会议现场参会人数600余人，同时，会议通过视频直播在线观看22万余人次。

7月1日　中国建设监理协会发布团体标准《城市轨道交通工程监理规程》T/CAEC005-2024，自2024年8月1日起实施。

7月15日 中国建设监理协会发布团体标准《建筑工程监理文件资料管理标准》T/CAEC006–2024，自2024年8月15日起实施。

7月22日 中国建设监理协会七届理事会专家委员会第一次会议在沈阳召开。会议表决通过了七届理事会专家委员会组织机构与成员名单、中国建设监理协会专家委员会管理办法。

8月2日 由中国建设监理协会主办、河南省建设监理协会协办的"工程监理行业自律工作现场会"在河南郑州顺利召开。会议旨在强化行业自律，规范会员单位经营行为，防止"内卷式"恶性竞争，保障会员单位合法权益，树立监理行业良好形象，促进工程监理行业高质量发展。

8月7~8日 由中国建设监理协会主办，北京市建设监理协会、贵州省建设监理协会协办的"工程监理50人高级研讨班（1期）"在贵州贵阳成功举办。研讨班旨在助力实施人才强国战略、创新驱动发展战略，加快培育工程监理行业新质生产力，提升工程监理企业高级管理者的水平与能力，促进工程监理行业高质量发展。

10月11日 由中国建设监理协会主办、河南省建设监理协会协办的"工程监理行业自律与诚信建设大会"在河南郑州顺利召开。会议发布了《中国工程监理行业自律公约》，公布了2022~2023年度中国建设监理协会单位会员信用评价结果。

10月29日 中国建设监理协会工程管理与咨询分会成立大会在上海召开。乐云当选为分会第一届理事会会长，徐帆为副会长兼秘书长，刘伊生、李小冬、李伟、杨卫东、何清华、倪飞、徐逢治、龚花强、薄卫彪为副会长。

11月15~16日 由中国建设监理协会主办，上海市建设工程咨询行业协会、苏州市建设监理协会协办的"工程监理50人高级研讨班（2期）"在苏州成功举办。研讨班旨在助力实施人才强国战略、创新驱动发展战略，加快培育工程监理行业新质生产力，提升工程监理企业高级管理者的水平与能力，促进工程监理行业高质量发展。

11月30日 首届全国工程监理知识竞赛在山东济南举办。竞赛由中国建设监理协会主办，山东省建设监理与咨询协会、山东城市建设职业学院协办。28个省级协会选拔的近700名工程监理人员，分企业技术负责人、总监理工程师、青年组展开笔试同场竞技。本次活动以赛促学，以赛促用，在全行业掀起了学习、争先的热潮。

12月15日 中国建设监理协会工程监测与诊治分会成立大会在长沙召开。周云当选为分会第一届理事会会长，陈大川为副会长兼秘书长，刘纲、张建、曾兵、李晓东、刘汉昆、蒋利学、高望清、黄勇、姜早龙为副会长。

5.2 2023～2024年协会研究课题及团体标准

5.2.1 2023～2024年协会已发布团体标准

序号	名称	编号	发布日期	实施日期
1	建筑工程项目监理机构人员配置导则	T/CAEC004-2023 T/CECS1268-2023	2023.02.09	2023.05.01
2	城市轨道交通工程监理规程	T/CAEC005-2024	2024.07.01	2024.08.01
3	建筑工程监理文件资料管理标准	T/CAEC006-2024	2024.07.15	2024.08.15
4	城市道路工程监理工作标准	T/CAEC007-2024	2024.11.01	2024.12.01

5.2.2 2024年协会立项研究课题及团体标准

序号	研究课题名称	主持单位
1	工程监理合伙制企业与质量保险服务研究	北京市建设监理协会
2	工程监理行业发展改革研究	上海市建设工程咨询行业协会
3	基于数智化技术的建筑工程现场监理工作实施方案研究	山东省建设监理与咨询协会

序号	团体标准名称	主持单位
1	建筑材料、构配件和设备进场质量控制标准	北京市建设监理协会
2	工程监理企业实施全过程工程咨询服务标准	上海市建设工程咨询行业协会

5.3 2023～2024年获奖项目参与监理企业

5.3.1 中国建设工程鲁班奖（国家优质工程）

2022～2023年度第一批中国建设工程鲁班奖（国家优质工程）工程项目参与监理企业

序号	参与监理企业（排名不分先后）	鲁班奖（国家优质工程）项目名称
1	北京帕克国际工程咨询股份有限公司	CBD核心区Z2a地块阳光保险金融中心项目
2	泛华建设集团有限公司	北京环球影城主题公园（一期）项目
3	北京兴电国际工程管理有限公司	华晨宝马汽车有限公司产品升级项目（铁西厂区）

续表

序号	参与监理企业（排名不分先后）	鲁班奖（国家优质工程）项目名称
4	北京鸿厦基建工程监理有限公司	中国石化科学技术研究中心建设项目
5	中咨工程管理咨询有限公司	世界大运会体育公园（东安湖场馆、配套酒店、园林）项目
		成都天府国际机场工程
		新建北京至雄安新区城际铁路雄安站站房工程
6	北京双圆工程咨询监理有限公司	北京环球影城主题公园（一期）项目
		环保园E-09地块研发中心D座（中国人寿研发中心二期工程）
7	北京赛瑞斯国际工程咨询有限公司	京哈高铁北京朝阳站站房工程
		合肥高新区综合管廊一期工程PPP项目
8	天津国际工程建设监理有限公司	年产13000吨高能量密度动力锂离子电池正极材料项目-1号生产厂房工程
		滨海新区中医医院项目
9	山西中太工程建设咨询有限公司	山西工程科技职业大学新建产教融合理实一体化实训中心、学生公寓组团1、学生公寓组团2建设项目
10	山西省建设监理有限公司	太原工人文化宫新（扩）建工程
11	瑞博工程项目管理有限公司	内蒙古医科大学第二附属医院迁建工程
12	内蒙古万和工程项目管理有限责任公司	锡林郭勒盟蒙古族中学新校区建设项目
13	上海三凯工程咨询有限公司	两港大道（新四平公路~S2~大治河）快速化工程
14	上海市建设工程监理咨询有限公司	青岛新机场航站楼及综合交通中心工程
		盐城先锋国际广场三期酒店写字楼工程
		成都天府国际机场工程
15	上海建科工程咨询有限公司	青岛新机场航站楼及综合交通中心工程
		徐州市城市轨道交通3号线一期工程
		北京环球影城主题公园（一期）项目
		上海图书馆东馆项目
		新开发银行总部大楼项目
16	上海建浩工程顾问有限公司	无锡地铁3号线一期工程
17	上海新光工程咨询有限公司	合肥高新区综合管廊一期工程PPP项目
18	英泰克工程顾问（上海）有限公司	徐州市城市轨道交通3号线一期工程
19	上海华铁工程咨询有限公司	无锡地铁3号线一期工程
20	江苏苏维工程管理有限公司	仪征市综合客运枢纽项目
21	无锡市市政建设咨询监理有限公司	无锡地铁3号线一期工程
22	江苏建科工程咨询有限公司	徐州市城市轨道交通3号线一期工程
		高邮市人民医院东区医院（二期）综合病房楼工程
		南京国际博览中心三期1#楼及大地下室工程

续表

序号	参与监理企业（排名不分先后）	鲁班奖（国家优质工程）项目名称
23	江苏盛华工程监理咨询有限公司	无锡地铁3号线一期工程
		徐州市城市轨道交通3号线一期工程
24	南京江城工程项目管理有限公司	高素质人才公寓及公共租赁住房项目
25	浙江江南工程管理股份有限公司	昆明市轨道交通4号线工程PPP项目
		徐州市城市轨道交通3号线一期工程
		无锡地铁3号线一期工程
		潍坊市益都中心医院新院区一期门诊医技综合楼、二期病房楼工程
		矿坑生态修复利用工程—冰雪世界
26	五洲工程顾问集团有限公司	杭政储出[2010]××号地块商业金融用房（中国人寿大厦）
27	浙江经建工程管理有限公司	嘉兴市文化艺术中心项目
28	浙江泛华工程咨询有限公司	运河亚运公园项目（体育馆、全民健身中心）
		杭政储出[2017]××号地块旅馆兼容公共交通场站用房
		杭州市全民健身中心
29	东南建设管理有限公司	浙北医学中心（湖州市中心医院迁建工程）
30	浙江华诚工程管理有限公司	瑞丰银行大楼项目
31	安徽南巽建设项目管理投资有限公司	合肥工业大学智能制造技术研究院（一期）研发中心项目
32	合肥工大建设监理有限责任公司	合肥高新区综合管廊一期工程PPP项目
33	泉州市工程建设监理事务所有限责任公司	泉州市公共文化中心项目
34	厦门协建工程咨询监理有限公司	闽南建工集团总部大厦1号办公楼项目
35	厦门高诚信工程技术有限公司	福建省儿童医院（区域儿童医学中心）项目—医疗综合楼
36	福建宇宏工程项目管理有限公司	祥平保障房地铁社区二期工程2-2地块主体工程（含装修工程）
37	山东诚信工程建设监理有限公司	青海—河南±800千伏特高压直流输电及其配套工程（特高压豫南换流变电站）
38	中铁济南工程建设监理有限公司	徐州市城市轨道交通3号线一期工程
39	山东省工程监理咨询有限公司	山东财经大学图书馆项目
40	河南育兴建设工程管理（集团）有限公司	横琴口岸及综合交通枢纽开发工程A区B区主体建筑及B区综合管廊、C区主体建筑及南北侧交通平台
41	新恒丰咨询集团有限公司	南阳市"三馆一院"项目建设工程
		洛阳市廉政宣教（基地）中心项目
		银川经济技术开发区年产15GW单晶硅棒项目
42	国机中兴工程咨询有限公司	郑发大厦项目（一期）工程
43	河南万安工程咨询有限公司	综合实验实训组团项目
44	建基工程咨询有限公司	南阳市"三馆一院"项目建设工程

续表

序号	参与监理企业（排名不分先后）	鲁班奖（国家优质工程）项目名称
45	中晟宏宇工程咨询有限公司	湖北省医养康复中心（示范）项目
		湖北省博物馆三期扩建工程
46	武汉星宇建设咨询有限公司	新建医技综合大楼项目（武汉市普仁医院）
47	湖南省华誉建设工程管理有限责任公司	中南大学新校区体育馆（游泳馆）建设工程
48	珠海市城市开发监理有限公司	横琴口岸及综合交通枢纽开发工程A区B区主体建筑及B区综合管廊、C区主体建筑及南北侧交通平台
49	广东省建筑工程监理有限公司	汕尾市高级技工学校一期项目4、5、9、11、12号楼工程
50	深圳市金钢建设监理有限公司	金众麒麟公馆一期、二期总承包工程
51	广州市市政工程监理有限公司	港珠澳大桥主体工程岛隧工程
52	广东建浩工程项目管理有限公司	珠海度假村酒店改造提升项目（一期）新建酒店、康体中心
53	广东粤能工程管理有限公司	商业、办公楼（自编1栋和2栋）项目
54	广西建柳工程咨询有限公司	柳州市工人医院总院搬迁（一期）工程
55	重庆市工程管理有限公司	重庆市快速路二横线西段PPP项目
56	重庆渝海建设监理有限公司	西南证券总部大楼项目
57	重庆赛迪工程咨询有限公司	世界大运会体育公园（东安湖场馆、配套酒店、园林）项目
		万开周家坝—浦里快速通道万开隧道工程
		昆明市轨道交通4号线工程PPP项目
		成都天府国际机场工程
		深圳宝安国际机场卫星厅项目
58	四川元丰建设项目管理有限公司	儋州市生活垃圾焚烧发电项目
59	成都交大工程建设集团有限公司	银川经济技术开发区年产15GW单晶硅棒项目
		世界大运会体育公园（东安湖场馆、配套酒店、园林）项目
60	四川省名扬建设工程管理有限公司	大型低速风洞建筑工程
61	成都衡泰工程管理有限责任公司	眉山春熙广场1栋、地下车库工程
62	康立时代建设集团有限公司	成都市第二人民医院龙潭医院建设项目
63	陕西建科项目管理有限公司	幸福大健康高技术产品生产基地建设项目
64	陕西省工程监理有限责任公司	陕西奥体中心体育馆工程
65	华春建设工程项目管理有限责任公司	华汉新世纪商城项目
66	西安铁一院工程咨询管理有限公司	新建福州至平潭铁路平潭海峡公铁大桥工程
67	张掖市建筑勘察设计研究院有限公司	张掖市第二人民医院业务综合楼项目
68	宁夏五环建设咨询监理有限公司	银川经济技术开发区年产15GW单晶硅棒项目
69	北京现代通号工程咨询有限公司	昆明市轨道交通4号线工程PPP项目
		无锡地铁3号线一期工程

续表

序号	参与监理企业（排名不分先后）	鲁班奖（国家优质工程）项目名称
70	中铁武汉大桥工程咨询监理有限公司	港珠澳大桥主体工程岛隧工程
		襄阳庞公（凤雏）大桥项目
		新建福州至平潭铁路平潭海峡公铁大桥项目
		新建连云港至镇江铁路五峰山长江特大桥项目
71	上海天佑工程咨询有限公司	昆明市轨道交通4号线工程PPP项目
		无锡地铁3号线一期工程
72	北京铁城建设监理有限责任公司	成都天府国际机场工程
		昆明市轨道交通4号线工程PPP项目
73	北京铁研建设监理有限责任公司	昆明市轨道交通4号线工程PPP项目
74	铁科院（北京）工程咨询有限公司	无锡地铁3号线一期工程
		新建连云港至镇江铁路五峰山长江特大桥项目
75	北京远达国际工程管理咨询有限公司	北京环球影城主题公园（一期）项目
		天津茱莉亚学院项目

2022～2023年度第二批中国建设工程鲁班奖（国家优质工程）

序号	参与监理企业	鲁班奖工程项目名称
1	北京华城工程管理咨询有限公司	北京城市副中心行政办公区A5工程
2	北京建大京精大房工程管理有限公司	重庆医科大学附属第一医院第一分院改扩建工程
3	北京赛瑞斯国际工程咨询有限公司	厦门市轨道交通2号线二期工程
4	北京双圆工程咨询监理有限公司	02工程
		国家应急指挥总部建设项目
		雄安商务服务中心项目一期工程
		中国工艺美术馆工程(暂定名)(中国工艺美术馆等2项)
5	北京希地环球建设工程顾问有限公司	北京市CBD核心区Z14地块商业金融项目
6	达华工程管理(集团)有限公司	三亚市体育中心项目（体育场）
7	中咨工程管理咨询有限公司	曲江电竞产业园——场馆区
8	中咨工程有限公司	宝钢湛江钢铁三高炉系统项目冷轧工程
		首钢京唐钢铁联合有限责任公司二期一步工程-多模式全连续铸轧生产线工程
9	天津国际工程建设监理有限公司	天津市第一中心医院新址扩建项目
10	河北工程建设监理有限公司	河北工程大学图书馆
11	山西华厦建设工程咨询有限公司	新源智慧建设运行总部
12	山西鲁班工程项目管理有限公司	山西建筑产业现代化（晋中）园区一期项目

续表

序号	参与监理企业	鲁班奖工程项目名称
13	内蒙古宏厦工程项目管理有限责任公司	万锦小学
14	鑫港建设集团有限公司	包头师范学院综合教学实训楼
15	大连泛华建设咨询管理有限公司	东北大学南湖校区综合实验楼一期建设项目
		沈阳市快速路PPP项目[长青街快速路．南部快速路（浑南大道快速路工程）、胜利大街快速路—胜利大街跨浑南大道桥（PC1号路—兴岛路）]
16	沈阳市工程监理咨询有限公司	华晨宝马汽车有限公司产品升级项目(铁西厂区)
		援孟加拉国孟中友谊展览中心项目
		援斯里兰卡波隆纳鲁沃国家肾内专科医院项目
17	上海城建工程咨询有限公司	上海轨道交通18号线一期工程
18	上海地铁咨询监理科技有限公司	上海轨道交通18号线一期工程
19	上海富达工程管理咨询有限公司	上海轨道交通18号线一期工程
20	上海海龙工程技术发展有限公司	上海轨道交通18号线一期工程
21	上海宏波工程咨询管理有限公司	上海轨道交通18号线一期工程
22	上海华铁工程咨询有限公司	上海轨道交通18号线一期工程
23	上海建浩工程顾问有限公司	上海轨道交通18号线一期工程
24	上海建科工程咨询有限公司	凤凰山体育中心（足球场和体育馆）
		国家会展中心项目一期展馆区及能源站EPC工程总承包
		海天大酒店改造项目（海天中心）一期工程（T1、T2塔楼及地下室）
		厦门市轨道交通2号线二期工程
		上海轨道交通18号线一期工程
		中国福利会国际和平妇幼保健院奉贤院区
25	上海浦桥工程建设管理有限公司	上海轨道交通18号线一期工程
26	上海三凯工程咨询有限公司	上海轨道交通18号线一期工程
27	上海市工程建设咨询监理有限公司	世博会地区A13A-01地块新建营业办公楼项目
28	上海市工程设备监理有限公司	上海轨道交通18号线一期工程
29	上海市市政工程管理咨询有限公司	济南至青岛高速公路改扩建工程
		上海轨道交通18号线一期工程
30	上海斯美科汇建设工程咨询有限公司	上海轨道交通18号线一期工程
31	上海同济工程项目管理咨询有限公司	上海轨道交通18号线一期工程
32	上海同济工程咨询有限公司	中国国家版本馆广州分馆项目
33	上海一测建设咨询有限公司	上海轨道交通18号线一期工程
34	英泰克工程顾问(上海)有限公司	上海轨道交通18号线一期工程

序号	参与监理企业	鲁班奖工程项目名称
35	江苏建科工程咨询有限公司	江苏园博园（一期）项目
		南京至句容城际轨道交通工程(马群至东郊小镇段、汤泉西路至句容段）
		扬子江国际会议中心建设项目
36	江苏森鑫项目管理有限公司	苏州湾文化中心（苏州大剧院、吴江博览中心）项目
37	江苏天眷建设集团有限公司	无锡地铁3号线一期工程
38	南京第一建设事务所有限责任公司	南京至句容城际轨道交通工程(马群至东郊小镇段、汤泉西路至句容段）
39	南京上元工程监理有限责任公司	江苏园博园（一期）项目
40	南京旭光建设监理有限公司	江苏园博园（一期）项目
41	南通市建设监理有限责任公司	海门中学综合大楼
42	苏州相城建设监理有限公司	苏州博物馆西馆项目
43	无锡市五洲建设工程监理有限责任公司	XDG-2010-17号地块A地块开发建设项目（项目名称）无锡广电（无锡数字动漫创业服务中心二期）
44	中衡设计集团工程咨询有限公司	苏州博物馆西馆项目
45	杭州天恒投资建设管理有限公司	富阳区银湖水厂一期工程
46	五洲工程顾问集团有限公司	江西省文化中心项目1号博物馆、2号图书馆、3号科技馆
		浙江大学医学院附属第一医院余杭院区（浙江大学邵逸夫医疗中心）建设项目
47	浙江大成工程项目管理有限公司	台州市委党校迁建工程（施工总承包）
48	浙江公诚建设项目咨询有限公司	绍兴市公安局业务技术用房建设项目
49	浙江江南工程管理股份有限公司	滁州市奥体中心
		冬奥会非注册VIP接待中心工程
		海口市国际免税城项目（地块五）
		衢州市体育中心工程-体育场及附属设施
		台州医院新院区项目（2号医疗综合楼、3号能源综合楼）
		榆林市文化艺术中心（榆林大剧院）
50	安徽省建设监理有限公司	安徽公安职业学院整体搬迁项目
		肥东县大剧院文化馆
		合肥滨湖国际会展中心二期地下车库二；4号标准展馆；2号综合展馆；3号标准展馆
		合肥市庐阳区档案馆、文化馆、图书馆项目
51	华理监理咨询有限公司	中国科学技术大学物质科学教研楼工程
52	六安市建工建设监理有限公司	六安市第二人民医院门诊、内科病房及老年养护院综合大楼

续表

序号	参与监理企业	鲁班奖工程项目名称
53	福建省建设工程管理有限公司	福建省妇产医院—医疗综合楼及地下室
54	厦门海投建设咨询有限公司	马銮湾保障房地铁社区一期工程A1-2地块
		厦门市轨道交通2号线二期工程
55	厦门协诚工程管理咨询有限公司	厦门市轨道交通2号线二期工程
56	江西省建筑工程建设监理有限公司	中大煌盛
57	中昌新智国际工程咨询有限公司	江西省文化中心项目1号博物馆、2号图书馆、3号科技馆
58	山东德林工程项目管理有限公司	潍坊市妇女儿童健康中心病房楼、华大基因实验楼、门诊医技楼、地下车库及附属用房一期
59	山东省建设监理咨询有限公司	沂水县市民文化艺术中心建设项目
60	山东泰和建设管理有限公司	大学城一期建设项目第二阶段（标段三）
		烟台八角湾国际会展中心项目会展中心、综合文化活动中心、地下车库
61	山东新世纪工程项目管理咨询有限公司	烟台八角湾国际会展中心项目会展中心、综合文化活动中心、地下车库
62	河南海华工程建设管理有限公司	河南省科技馆新馆建设项目
63	新恒丰咨询集团有限公司	洛阳市奥林匹克中心一期
		漯河市市民之家
64	中鼎景宏工程管理有限公司	守拙园1号—4号楼及地下车库
65	湖北三峡建设项目管理股份有限公司	宜昌市公共卫生中心建设工程项目（主楼、配电房、医疗废弃物暂存间及门房）
66	南方咨询（湖北）有限公司	新建居住、商务项目（汉阳市政建设大厦）（一标段）
67	铁四院（湖北）工程监理咨询有限公司	重庆轨道交通4号线二期工程
68	和天（湖南）国际工程管理有限公司	湖南长远锂科车用锂电池正极材料扩产一期项目-多元正极材料系统
		万家丽路220kV电力市政隧道管廊工程
69	湖南电力工程咨询有限公司	长沙1000千伏变电站新建工程
		长沙市污水处理厂污泥与生活垃圾清洁焚烧协同处置二期工程
70	湖南省工程建设监理有限公司	建工·象山国际一期工程三区A5号、A7号、A9号及部分地下室
71	天鉴国际工程管理有限公司	运达中央广场商业综合体W酒店
72	中通服项目管理咨询有限公司	湖南信息园（调度大楼、通信机房、地下室、附属区）
73	广东广铁华南建设监理有限公司	新建赣深铁路广东段站房工程GSSG-1€标（惠州北站）
74	广州穗科建设管理有限公司	援柬埔寨体育场项目
		援赞比亚国际会议中心

续表

序号	参与监理企业	鲁班奖工程项目名称
75	广州越建工程管理有限公司	华南理工大学广州国际校区图书馆
76	惠州市建设集团工程建设监理有限公司	正升星荟商住小区（二期）
77	深圳市大兴工程管理有限公司	大疆天空之城大厦二期
78	珠海市工程监理有限公司	中山大学珠海校区二号学院楼群（5-13号楼及其地下室）
79	广西中信恒泰工程顾问有限公司	季华实验室二期建设项目
80	重庆联盛建设项目管理有限公司	重庆轨道交通4号线二期工程
81	重庆赛迪工程咨询有限公司	厦门市轨道交通2号线二期工程
		天府国际会议中心（中国西部博览城二期项目）一标段（会议中心及相应地下室）
82	重庆三环建设监理咨询有限公司	重庆市洛碛垃圾焚烧发电厂项目
83	重庆市轨道交通设计研究院有限责任公司	重庆轨道交通4号线二期工程
84	四川二滩国际工程咨询有限责任公司	成都天府国际机场（T1、T2航站楼、GTC换乘中心及停车楼、旅客过夜用房）
85	四川明清工程咨询有限公司	世界大运会体育公园（东安湖场馆、配套酒店、园林）
86	中国华西工程设计建设有限公司	成都天府国际机场（T1、T2航站楼、GTC换乘中心及停车楼、旅客过夜用房）
87	昆明建设咨询管理有限公司	天威云南变压器股份有限公司搬迁扩能及高原型特高压电力变压器建设项目（一期工程）工程施工
		云报传媒广场建设项目
		中铁大厦
88	陕西安康市长达工程监理有限公司	安康城区环城干道江北段与铁路交叉节点工程
89	盛源鑫项目管理有限公司	贵黔国际总医院(贵州妇女儿童国际医院)一标段
90	西安航天建设监理有限公司	二二项目-西安项目
91	西安铁一院工程咨询管理有限公司	安康城区环城干道江北段与铁路交叉节点工程
		重庆轨道交通4号线二期工程
92	甘肃工程建设监理有限公司	青海省农村信用社联合社及青海西宁农村商业银行股份有限公司办公营业综合楼建设工程
93	兰州交大工程咨询有限责任公司	兰州理工大学西校区图书馆
94	新疆佳诚工程监理有限公司	第一师医院新建门诊综合楼建设项目
95	新疆昆仑工程咨询管理集团有限公司	塔里木油田分公司科研实验楼
96	新疆泽强工程项目管理有限公司	新疆维吾尔自治区博物馆二期建设项目
		自治区档案馆新馆建设项目

序号	参与监理企业	鲁班奖工程项目名称
97	北京希达工程管理咨询有限公司	宁夏高级人民法院和银川铁路运输法院审判法庭及辅助综合用房项目
98	陕西华建工程监理有限责任公司	陕西省计量科学研究院迁建项目
99	浙江信安工程咨询有限公司	中国国家版本馆杭州分馆建设工程(一期)
100	北京五环国际工程管理有限公司	哈尔滨市玉泉固体废物综合处理园区垃圾焚烧发电项目
101	北京铁城工程咨询有限公司	南京至句容城际轨道交通工程(马群至东郊小镇段、汤泉西路至句容段)
		新建川藏铁路拉萨至林芝段站房及相关工程LLZF2标段林芝站
102	北京铁研建设监理有限责任公司	新建广州南沙港铁路西江特大桥（DK12+962-DK27+810）工程
103	河南长城铁路工程建设咨询有限公司	新建郑州至周口至阜阳铁路郑州南站（郑州航空港站）
104	上海天佑工程咨询有限公司	上海轨道交通18号线一期工程
105	铁科院(北京)工程咨询有限公司	鳊鱼洲长江铁路大桥
		南京至句容城际轨道交通工程(马群至东郊小镇段、汤泉西路至句容段)
106	郑州中原铁道建设工程监理有限公司	新建郑州至周口至阜阳铁路郑州南站（郑州航空港站）

5.3.2　中国土木工程詹天佑奖

参建第二十届第一批中国土木工程詹天佑奖工程参建监理企业名单

序号	参与监理企业（排名不分先后）	詹天佑奖项目名称
1	北京华城工程管理咨询有限公司	国家雪车雪橇中心
		亚洲基础设施投资银行总部永久办公场所
2	中咨工程管理咨询有限公司	青岛地铁2号线一期工程
		成都地铁7号线工程
		南宁市轨道交通3号线一期工程（科园大道-平乐大道）
3	北京中铁诚业工程建设监理有限公司	北京至张家口高速铁路工程
		新建浩吉铁路工程
4	北京双圆工程咨询监理有限公司	北京新机场南航基地机务维修及运行保障工程
		02工程
5	中铁华铁工程设计集团有限公司	新建浩吉铁路工程
		南宁市轨道交通3号线一期工程（科园大道-平乐大道）
6	中煤中原（天津）建设监理咨询有限公司	青岛地铁2号线一期工程

序号	参与监理企业（排名不分先后）	詹天佑奖项目名称
7	上海宏波工程咨询管理有限公司	上海市轨道交通15号线工程
8	上海建科工程咨询有限公司	郑州市奥林匹克体育中心
		成都地铁7号线工程
		上海市轨道交通15号线工程
		海天大酒店改造项目（海天中心）一期工程
9	上海富达工程管理咨询有限公司	上海市轨道交通15号线工程
10	上海市工程建设咨询监理有限公司	上海市轨道交通15号线工程
11	上海市合流工程监理有限公司	上海市诸光路通道新建工程
12	英泰克工程顾问（上海）有限公司	上海市轨道交通15号线工程
13	上海海龙工程技术发展有限公司	上海市轨道交通15号线工程
14	上海斯美科汇建设工程咨询有限公司	上海市轨道交通15号线工程
15	上海市市政工程管理咨询有限公司	上海市轨道交通15号线工程
		济南至青岛高速公路改扩建工程
16	上海华铁工程咨询有限公司	上海市轨道交通15号线工程
		青岛地铁2号线一期工程
17	浙江江南工程管理股份有限公司	南宁市轨道交通3号线一期工程（科园大道～平乐大道）
		成都地铁7号线工程
		普陀山观音文化园（观音圣坛、正法讲寺）工程
		矿坑生态修复利用工程—冰雪世界项目
18	东南建设管理有限公司	普陀山观音文化园（观音圣坛、正法讲寺）工程
19	安徽省公路工程建设监理有限责任公司	芜湖长江公路二桥工程
20	安徽省新同济工程咨询集团有限公司	芜湖长江公路二桥工程
21	中铁济南工程建设监理有限公司	南宁市轨道交通3号线一期工程（科园大道～平乐大道）
22	济南城建监理有限责任公司	济南市顺河快速路南延工程
23	青岛高园建设咨询管理有限公司	青岛地铁2号线一期工程
24	济南市建设监理有限公司	济南市顺河快速路南延工程
25	山东恒信建设监理有限公司	济南市顺河快速路南延工程
26	葛洲坝集团项目管理有限公司	成都地铁7号线工程
27	北京东方华太建设监理有限公司	武青堤（铁机路～武丰闸）堤防江滩综合整治工程（青山段）
28	铁四院（湖北）工程监理咨询有限公司	杨泗港长江大桥
29	广州市广州工程建设监理有限公司	郑州市奥林匹克体育中心
30	广东重工建设监理有限公司	成都地铁7号线工程
31	广西城建咨询设计有限公司	南宁市轨道交通3号线一期工程（科园大道～平乐大道）

续表

序号	参与监理企业（排名不分先后）	詹天佑奖项目名称
32	重庆赛迪工程咨询有限公司	南宁市轨道交通3号线一期工程（科园大道～平乐大道）
		成都地铁7号线工程
33	四川元丰建设项目管理有限公司	成都地铁7号线工程
34	成都衡泰工程管理有限责任公司	成都地铁7号线工程
35	西安高新矩一建设管理股份有限公司	西安交通大学科技创新港科创基地项目
36	普迈项目管理集团有限公司	西安交通大学科技创新港科创基地项目
37	北京铁研建设监理有限责任公司	沪昆高速铁路北盘江特大桥
		新建浩吉铁路工程
		成都地铁7号线工程
38	北京铁城建设监理有限责任公司	青岛地铁2号线一期工程
		北京至张家口高速铁路工程
		成都地铁7号线工程
39	中铁一院集团南方工程咨询监理有限公司	南宁市轨道交通3号线一期工程（科园大道～平乐大道）
40	北京现代通号工程咨询有限公司	上海市轨道交通15号线工程
		成都地铁7号线工程
41	铁科院（北京）工程咨询有限公司	成都地铁7号线工程
42	上海天佑工程咨询有限公司	青岛地铁2号线一期工程
		上海市轨道交通15号线工程
43	天津新亚太工程建设监理有限公司	新建浩吉铁路工程
44	四川铁科建设监理有限公司	新建浩吉铁路工程
45	长沙中大监理科技股份有限公司	南宁市轨道交通3号线一期工程（科园大道～平乐大道）
46	中铁武汉大桥工程咨询监理有限公司	新建浩吉铁路工程
		杨泗港长江大桥
47	石家庄铁源工程咨询有限公司	北京至张家口高速铁路工程
48	北京远达国际工程管理咨询有限公司	北京市朝阳区CBD核心区Z15地块项目（中信大厦）

参建第二十届第二批中国土木工程詹天佑奖工程参建监理企业名单

序号	参建监理企业	詹天佑奖工程项目名称
1	北京双圆工程咨询监理有限公司	北京大兴机场线工程
		北京环球影城主题公园（一期）项目
2	中铁华铁工程设计集团有限公司	北京大兴机场线工程
		成都至贵阳高速铁路
		广州市轨道交通九号线工程
		深圳市城市轨道交通6号线工程

续表

序号	参建监理企业	詹天佑奖工程项目名称
3	中咨工程管理咨询有限公司	成都天府国际机场（航站楼及配套工程）
		拉萨至林芝铁路
		世界大运会东安湖体育公园项目
		西安奥体中心
		新建北京至雄安新区城际铁路
		重庆市轨道交通环线工程
4	天津华北工程管理有限公司	津沽污水、再生水、污泥循环经济示范项目
5	保定市市政工程管理有限公司	保定市乐凯大街南延工程跨保定南站斜拉桥工程
6	上海华铁工程咨询有限公司	无锡地铁3号线一期工程
7	上海建浩工程顾问有限公司	无锡地铁3号线一期工程
8	上海建科工程咨询有限公司	北京环球影城主题公园（一期）项目
		苏州中心项目
9	上海浦桥工程建设管理有限公司	上海市轨道交通15号线工程
10	上海三凯工程咨询有限公司	上海市轨道交通15号线工程
11	上海市建设工程监理咨询有限公司	成都天府国际机场（航站楼及配套工程）
		苏州中心项目
12	上海市市政工程管理咨询有限公司	武汉三阳路越江通道工程
13	江苏盛华工程监理咨询有限公司	无锡地铁3号线一期工程
14	江苏天眷建设集团有限公司	无锡地铁3号线一期工程
15	浙江江南工程管理股份有限公司	杭州市第二水源千岛湖配水工程
		无锡地铁3号线一期工程
16	浙江经建工程管理有限公司	嘉兴市文化艺术中心
17	合肥工大建设监理有限责任公司	武汉高世代薄膜晶体管液晶显示器件（TFT-LCD)生产线项目
18	厦门海投建设咨询有限公司	厦门海沧新城综合交通枢纽工程
19	山东东方监理咨询有限公司	济宁市文化中心
20	中铁济南工程建设监理有限公司	新建商丘至合肥至杭州铁路
21	铁四院（湖北）工程监理咨询有限公司	成都至贵阳高速铁路
		深圳市城市轨道交通6号线工程
		新建福州至平潭铁路平潭海峡公铁大桥
		新建商丘至合肥至杭州铁路
22	中国水利水电建设工程咨询中南有限公司	贵州乌江构皮滩水电站
23	广东德正工程管理有限公司	汾江路南延线沉管隧道工程
24	广州市市政工程监理有限公司	港珠澳大桥主体工程岛隧工程

续表

序号	参建监理企业	詹天佑奖工程项目名称
25	重庆赛迪工程咨询有限公司	成都天府国际机场（航站楼及配套工程）
		世界大运会东安湖体育公园项目
		西安奥体中心
26	成都交大工程建设集团有限公司	世界大运会东安湖体育公园项目
27	四川二滩国际工程咨询有限责任公司	成都地铁7号线工程
		成都天府国际机场（航站楼及配套工程）
28	贵州黔水工程监理有限责任公司	贵安新区腾讯七星数据中心项目（一期）
29	西安铁一院工程咨询管理有限公司	广州市轨道交通九号线工程
		拉萨至林芝铁路
		深圳市城市轨道交通6号线工程
		新建福州至平潭铁路平潭海峡公铁大桥
30	甘肃铁科建设工程咨询有限公司	拉萨至林芝铁路
31	北京铁城工程咨询有限公司	昌赣客专赣州赣江特大桥
		成都天府国际机场（航站楼及配套工程）
		成都至贵阳高速铁路
		拉萨至林芝铁路
32	北京铁研建设监理有限责任公司	成都至贵阳高速铁路
33	北京现代通号工程咨询有限公司	无锡地铁3号线一期工程
34	成都西南交通大学设计研究院有限公司	拉萨至林芝铁路
35	河南长城铁路工程建设咨询有限公司	拉萨至林芝铁路
		新建北京至雄安新区城际铁路
36	上海天佑工程咨询有限公司	无锡地铁3号线一期工程
37	铁科院(北京)工程咨询有限公司	北京大兴机场线工程
		拉萨至林芝铁路
		深圳市城市轨道交通6号线工程
		无锡地铁3号线一期工程
		新建商丘至合肥至杭州铁路
		长安街西延（古城大街-三石路）道路工程新首钢大桥
38	中铁武汉大桥工程咨询监理有限公司	港珠澳大桥主体工程岛隧工程
		新建北京至雄安新区城际铁路
		新建福州至平潭铁路平潭海峡公铁大桥
		新建商丘至合肥至杭州铁路
39	北京远达国际工程管理咨询有限公司	北京环球影城主题公园（一期）项目
		天津茉莉亚学院